本书编委会

主　　编：刘　伟

副主编：李文宾　冀　刚

编　　委（按姓名笔画排序）：

刘　伟　李文宾　杨桂华

廖　宁　冀　刚

出　版　说　明

近年来，农业标准编辑部陆续出版了《中国农业标准经典收藏系列·最新中国农业行业标准》，将 2004—2012 年由我社出版的 2 600 多项标准汇编成册，共出版了九辑，得到了广大读者的一致好评。无论从阅读方式还是从参考使用上，都给读者带来了很大方便。为了加大农业标准的宣贯力度，扩大标准汇编本的影响，满足和方便读者的需要，我们在总结以往出版经验的基础上策划了《最新中国农业行业标准·第十辑》。

本次汇编对 2013 年出版的 298 项农业标准进行了专业细分与组合，根据专业不同分为种植业、畜牧兽医、植保、农机和综合 5 个分册。

本书收录了作物加工机械、农机作业、农机修理和性能测试等方面的农业行业标准 20 项。并在书后附有 2013 年发布的 5 个标准公告供参考。

特别声明：

1. 汇编本着尊重原著的原则，除明显差错外，对标准中所涉及的有关量、符号、单位和编写体例均未做统一改动。

2. 从印制工艺的角度考虑，原标准中的彩色部分在此只给出黑白图片。

3. 本辑所收录的个别标准，由于专业交叉特性，故同时归于不同分册当中。

本书可供农业生产人员、标准管理人员和科研人员使用，也可供有关农业院校师生参考。

目　　录

ICS 65.060.01
B 90

中华人民共和国农业行业标准

NY/T 409—2013
代替 NY/T 409—2000

天然橡胶初加工机械通用技术条件

General technic requirements for machinery for primary
processing of matural rubber

2013-05-20 发布

2013-08-01 实施

中华人民共和国农业部 发布

前　言

本标准按照 GB/T 1.1—2009 给出的规则起草。

本标准代替 NY/T 409—2000《天然橡胶初加工机械通用技术条件》。

本标准与 NY/T 409—2000 相比，主要变化如下：

——删除了部分术语和定义，引用了 NY/T 1036 标准(见 2000 年版的 3.1～3.12)；

——将使用可靠性名称修改为可用度并修改了其定义(见 3.1，2000 年版的 3.13)；

——增加了对生产率、能源消耗量等指标的要求(见 5.1.3)；

——修订了铸锻件质量要求(见 5.4，2000 年版的 5.3)；

——修订了加工质量要求(见 5.6，2000 年版的 5.5)；

——修订了装配质量(见 5.7，2000 年版的 5.6)；

——增加了电气装置要求(见 5.8)；

——修订了安全防护(见 5.9，2000 年版的 5.7)；

——增加了生产率、能源消耗量、尺寸公差、形位公差、硬度等指标的试验方法(见 6.3)；

——增加了运输和贮存要求(见 8.3、8.4)；

——修订了检验规则(见 7，2000 年版的 7)；

——删除了附录 A(资料性附录)(见 2000 年版的附录 A)。

本标准由中华人民共和国农业部提出。

本标准由农业部热带作物及制品标准化技术委员会归口。

本标准起草单位：中国热带农业科学院农业机械研究所。

本标准主要起草人：王金丽、邓怡国、李明、陈进平、刘智强。

本标准所代替标准的历次版本发布情况为：

——GB 8091—1987；

——NY 38—1987；

——NY/T 409—2000。

天然橡胶初加工机械通用技术条件

1 范围

本标准规定了天然橡胶初加工机械的术语和定义、产品型号的编制方法、技术要求、试验方法、检验规则、标志、包装、运输和贮存等通用技术要求。

本标准适用于以鲜乳胶或杂胶为原料加工成标准胶、烟片胶和其他胶片的天然橡胶初加工机械。

本标准不适用于浓缩胶乳分离机。

2 规范性引用文件

下列文件对于本文件的应用是必不可少的。凡是注日期的引用文件，仅注日期的版本适用于本文件。凡是不注日期的引用文件，其最新版本（包括所有的修改单）适用于本文件。

GB/T 191 包装储运图示标志

GB/T 230.1 金属材料 洛氏硬度试验 第1部分:试验方法(A、B、C、D、E、F、G、H、K、N、T 标尺)

GB/T 231.1 金属材料 布氏硬度试验 第1部分:试验方法

GB/T 984 堆焊焊条

GB/T 985.1 气焊、焊条电弧焊、气体保护焊和高能束焊的推荐坡口

GB/T 985.2 埋弧焊的推荐坡口

GB/T 1031 产品几何技术规范(GPS) 表面结构 轮廓法 表面粗糙度参数及其数值

GB/T 1243 传动用短节距精密滚子链、套筒链、附件和链轮

GB/T 1804—2000 一般公差 未注公差的线性和角度尺寸的公差

GB/T 1958 产品几何量技术规范(GPS) 形状和位置公差 检测规定

GB/T 2828.1 计数抽样检验程序 第1部分:按接收质量限(AQL)检索的逐批检验抽样计划

GB/T 3177 光滑工件尺寸的检验

GB/T 3768 声学声压法测定噪声源声功率级反射面上方采用包络测量表面的简易法

GB/T 4140 输送用平顶链和链轮

GB/T 5117 碳钢焊条

GB/T 5118 低合金钢焊条

GB 5226.1 机械安全 机械电气设备 第1部分:通用技术条件

GB/T 5269 传动与输送用双节距精密滚子链、附件和链轮

GB/T 5667—2008 农业机械 生产试验方法

GB/T 6388 运输包装收发货标志

GB/T 6414 铸件 尺寸公差与机械加工余量

GB/T 7935 液压元件 通用技术条件

GB/T 8196 机械安全 防护装置 固定式和活动式防护装置设计与制造一般要求

GB/T 9239.1 机械振动 恒态(刚性)转子平衡品质要求 第1部分:规范与平衡允差的检验

GB/T 10610 产品几何技术规范(GPS) 表面结构 轮廓法 评定表面结构的规则和方法

GB/T 10089 圆柱蜗杆、蜗轮精度

GB/T 10095.1 渐开线圆柱齿轮精度 第1部分:轮齿同侧齿面偏差的定义和允许值

GB/T 10095.2 渐开线圆柱齿轮精度 第2部分:径向综合偏差与径向跳动的定义和允许值

GB/T 13306　标牌

GB/T 13924　渐开线圆柱齿轮精度　检验细则

GB/T 14957　熔化焊用钢丝

JB/T 9832.2　农林拖拉机及机具漆膜附着性能测定方法　压切法

JB/T 5994　装配通用技术要求

NY/T 408　天然橡胶初加工机械产品质量分等

NY/T 1036　热带作物机械　术语

3 术语和定义

NY/T 1036—2006 界定的以及下列术语和定义适用于本文件。

3.1

可用度(使用有效度)　availability

在规定条件下及规定时间内,产品能工作时间对能工作时间与不能工作时间之和的比。

注：改写 GB/T 5667—2008,定义 2.12。

4 产品型号的编制方法

4.1 产品型号由机名代号、主要参数、结构代号和系列号组成,组合式机组在机名代号前用阿拉伯数字表示组合式机组中主要工作部件数量。

机名代号用产品名称中有特征意义的汉语拼音第一个大写字母表示;主要参数用产品主要工作部件尺寸或主要性能指标的阿拉伯数字表示,如液压打包机的主油缸压力、绉片机、压薄机、洗涤机等的辊筒直径、长度;结构代号用表示结构特征的汉语拼音字头的大写字母表示;系列号用 A,B,C 等大写英文字母表示。主要机名和结构形式的代号见表 1 和表 2。

表 1　主要机名和代号

机械名称	五合一压片机	抽胶泵	锤磨机	干搅机	干燥设备
机名代号	5YP	CJB	CM	GJ	GZ
机械名称	干燥车	冷胶机	螺杆破碎机	切胶机	燃油炉
机名代号	GZC	LJ	LP	QJ	RYL
机械名称	碎胶机	撕粒机	手摇压片机	推进器	洗涤机
机名代号	SJ	SL	SY	TJQ	XD
机械名称	压薄机	液压打包机	振动筛	绉片机	—
机名代号	YB	YDB	ZDS	ZP	—

表 2　主要结构形式和代号

结构形式	钢架结构	框架式	连续式	螺杆式	链条单点式	链条双点式	土建结构
结构代号	G	K	L	LG	LTD	LTS	T
结构形式	无风斗	有风斗	柱式	电热	燃煤	燃气	燃油
结构代号	W	Y	Z	D	M	Q	Y

4.2 产品型号表示方法

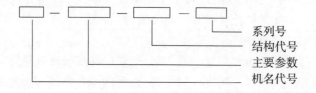

系列号
结构代号
主要参数
机名代号

示例1：

ZP-300×600 表示绉片机，其辊筒直径为 300 mm，长度为 600 mm。

示例2：

XD-250×800-A 表示洗涤机，其辊筒直径为 250 mm，长度为 800 mm，系列号为 A。

示例3：

YDB-1 000-K 表示液压打包机，主油缸作用力为 1 000 kN，框架式。

示例4：

5YP-150×650 表示五合一压片机，其辊筒直径为 150 mm，长度为 650 mm。

5 技术要求

5.1 一般要求

5.1.1 天然橡胶初加工机械应符合天然橡胶初加工工艺的要求，结构合理，外形美观，操作安全，维修方便。

5.1.2 产品应按照经规定程序批准的图样及技术文件制造。

5.1.3 工作质量、生产率、能源消耗量指标应符合各单机标准的要求。

5.1.4 整机的空载噪声应不大于 85 dB(A)[干搅机应不大于 90 dB(A)]，液压打包机应不大于 78 dB(A)。其中辊筒式天然橡胶初加工机械应符合如下要求：

    a) 主轴转速不高于 1 000 r/min 应不大于 80 dB(A)；

    b) 主轴转速高于 1 000 r/min 应不大于 85 dB(A)。

5.1.5 产品的可用度应不小于 90%。

5.1.6 配套动力和控制装置及有关附件、用于安装调整的特殊工具应由制造厂随机提供，并应符合相关产品标准要求。

5.1.7 整机运转应平稳，不应有明显的振动、冲击和异响；调整装置应灵敏可靠；电气装置应安全可靠。

5.1.8 轴承的最高温度和温升应不超过表 3 的规定。减速箱润滑油的最高温度应不超过 65℃。

表 3 轴承的最高温度和温升

单位为摄氏度

轴承种类	空载时		负载时	
	最高温度	温升	最高温度	温升
滑动轴承	60	30	70	35
滚动轴承	70	40	85	45

5.1.9 减速箱、液压系统及其他润滑部位不应有渗漏油现象。

5.1.10 防水密封装置应良好，不应有进水或漏水现象。

5.2 外观质量

5.2.1 外观表面不应有图样未规定的凸起、凹陷和其他损伤。

5.2.2 零、部件结合面的边缘应平整，其错位量和门、盖与胶机结合缝隙不应超过表 4 的规定。

表 4 结合面错位量和门、盖与结合面缝隙

单位为毫米

结合面尺寸	零部件结合面错位量	门、盖与结合面缝隙
≤500	≤2	≤1
>500	≤3	≤2

5.2.3 外露的焊缝应平整均匀。

5.2.4 埋头螺钉不应突出零件表面,其头部与沉孔之间不应有明显的偏心,固定销应突出零件表面,螺栓尾端应突出螺母,突出部分略大于倒角值。外露轴端应突出于包容件的端面,突出值约为倒角值。内孔表面与壳体凸缘间的壁厚应均匀对称,其凸缘壁厚之差应不大于实际最大壁厚的25%。

5.2.5 应有指示润滑、操纵、安全等标牌或标志,并符合有关标准的规定。

5.2.6 金属手轮轮缘和操纵手柄应进行防锈处理,要求表面光亮。

5.2.7 电器线路及软线管应排列整齐,不应有伤痕和压扁等缺陷。

5.3 涂漆质量

5.3.1 表面漆层应色泽均匀、平整光滑,不应有露底、严重的流痕和麻点。明显的起泡、起皱应不多于3处。不加工的铸件表面应涂防锈底漆。

5.3.2 漆层的漆膜附着力应符合 JB/T 9832.2 中 2 级 3 处的要求。

5.4 铸锻件质量

5.4.1 铸、锻件材料应符合各单机标准的要求。

5.4.2 铸件的表面应平整,不应有飞边、毛刺、浇口和冒口,表面上的型砂和黏结物应清理干净。贮水或贮油的铸件不应有漏水或漏油现象。

5.4.3 铸件不应有裂纹。铸件工作表面和主要受力面上不允许存在缩松、夹渣、冷隔、缩孔、气孔和黏砂以及其他降低铸件结构强度或影响切削加工的铸造缺陷。对修补后不影响使用质量和外观的铸造缺陷,允许按有关标准修补。

5.4.4 铸件尺寸公差与机械加工余量应符合 GB/T 6414 的规定。

5.4.5 铸造的泵件、阀体和缸筒不应有气孔、缩孔和砂眼等降低耐压强度的铸造缺陷,在规定的压力下试验,不应有漏油、漏水或漏气现象。

5.4.6 锻件不应有裂纹、夹层、折叠、锻伤、结疤、夹渣等缺陷。对低碳钢锻件的非重要部位的局部缺陷允许修补。

5.5 焊接件

5.5.1 焊接所用的焊条应符合 GB/T 5117 和 GB/T 5118 的规定,堆焊焊条应符合 GB/T 984 的规定,焊丝应符合 GB/T 14957 的规定。

5.5.2 焊接件的焊缝坡口形式和尺寸应符合 GB/T 985.1 和 GB/T 985.2 的规定。

5.5.3 焊接部件的外观表面不应有焊瘤、金属飞溅物和引弧痕迹,边棱、尖角处应光滑。

5.5.4 焊接焊缝表面应呈均匀的细鳞状,不应有裂纹(包括母材)、夹渣、气孔、焊缝间断、弧坑。

5.5.5 常压容器焊接完成后,应按有关规定进行盛水试验或焊缝煤油渗漏试验。

5.5.6 零件焊接后的热处理应按图样或工艺文件规定进行。

5.6 加工质量

5.6.1 加工后的零件应符合图样和有关标准的要求。

5.6.2 零件应按工序检查验收,在前道工序检验合格后,方可转入下道工序制作。

5.6.3 零件已加工表面上,不应有锈蚀、毛刺、碰伤、划痕等降低零件强度、寿命及影响外观的缺陷。

5.6.4 热处理后的零件不应有裂纹和影响强度、耐久性能的其他缺陷。热处理后的零件在精加工时,不应有烧伤变形或产生退火现象。硬度应符合相关产品标准的要求。

5.6.5 零件刻度部分的刻线、数字和标记应准确、均匀和清晰。

5.6.6 除有特殊要求外,机械加工后的零件不允许有尖棱、尖角和毛刺。

5.6.7 零件的未注公差值、倒角高度和倒圆半径,应符合 GB/T 1804—2000 第 5 章的规定,并在图样等技术文件中按照 GB/T 1804—2000 第 6 章的规定标注。

5.6.8 渐开线圆柱齿轮的精度等级应不低于 GB/T 10095.1、GB/T 10095.2 规定的 9 级要求,齿面粗糙度应不低于 GB/T 1031 的规定 Ra6.3,齿面硬度应符合相关产品标准的要求。

5.6.9 传动用滚子链链轮应符合 GB/T 1243 的规定,输送链链轮应符合 GB/T 4140、GB/T 5269 的规定。

5.6.10 与轴承相配的轴、孔公差带应符合相关产品的标准。与轴承的配合表面,轴颈、外壳孔、轴肩和外壳孔肩端面的表面粗糙度 Ra 值应不超过表 5 的规定。

表 5 轴承的配合表面,轴颈、外壳孔、轴肩和外壳孔肩端面的表面粗糙度 Ra 值

单位为微米

配合表面	轴颈	外壳孔	轴肩和外壳孔肩端面
Ra 值	3.2	3.2	6.3

5.7 装配质量

5.7.1 应按图样要求进行装配。装配用零件、部件(包括外购件)应经检验合格,外购件、协作件应有合格证书。

5.7.2 装配前应对各种零件清洗干净,不应有毛刺、切屑、油污、锈斑等脏物。各种零部件的装配应符合 JB/T 5994 的有关规定。

5.7.3 装配后,滑动、转动部位应运转灵活、平衡,无阻滞现象。

5.7.4 两 V 带轮轴线的平行度应不大于两轮中心距的 1%,两带轮轮宽对称面的偏移量应不大于两轮中心距的 0.5%。

5.7.5 齿轮副侧隙和接触斑点应符合 GB/T 10095.1 的规定,精度等级应不低于 9 级;蜗杆蜗轮副的侧隙和接触斑点应符合 GB/T 10089 的规定,精度等级应不低于 8 级。

5.7.6 液压系统的装配应符合 GB/T 7935 的规定。

5.7.7 转速较高、转动惯量较大的部件应按相应产品标准进行静平衡试验或动平衡,并符合 GB/T 9239.1 的有关规定。

5.8 电气装置

5.8.1 电气装置在正常使用时应安全可靠,即使出现可能的人为疏忽,也要确保对人员和周围环境的安全。应在产品使用说明书中说明电气装置的工作原理、使用方法、保养及维修等,并附有电气原理图。

5.8.2 产品上的电动机、电热元件、开关电器、控制电器、熔断器、显示仪表及导线等电气元器件,应符合相关的国家标准规定的安全要求。

5.8.3 电气装置应有短路、过载和失压保护装置。

5.8.4 成套组合设备应有集中控制装置,装置中应装设紧急停车开关。

5.8.5 电气装置应可靠地用绝缘体与带电部件隔开,应有永久可靠的保护接地。接地电阻值应不超过 10 Ω。接地端子应用⊕符号标明。

5.8.6 标识各操作件、调节装置均应给出明确标志或模拟简图。当不能明确表示电气装置的工作状态时,应有明显的灯光指示。电气装置中的指示灯和按钮的颜色应符合 GB/T 5226.1 的规定。

5.8.7 电气装置中的标志和符号应清晰易读并持久耐用。

5.9 安全防护

5.9.1 重量较大的零件、部件应便于吊运和安装。

5.9.2 设备运转中易松脱的零件、部件应有防松装置。往复运动的零件应有限位的保险装置。

5.9.3 对易造成伤害事故的外露旋转零件应设有防护装置。防护装置应符合 GB/T 8196 的要求。

5.9.4 在易发生危险的部位应设有安全标志或涂有安全色。在外露转动零件端面应涂红色。

6 试验方法

6.1 空载试验

6.1.1 总装配检验合格后才能进行空载试验。

6.1.2 在额定转速下连续运转时间应不少于 2 h。

6.1.3 空载试验项目和方法见表 6。

表 6 空载试验

序号	试验项目	要 求	试验方法
1	噪声	5.1.4	按 GB/T 3768 的规定执行
2	工作平稳性及声响	5.1.7	感官
3	减速箱润滑油温度,轴承温度和温升	5.1.8 或产品标准要求	用测温仪测试
4	减速箱、液压系统渗漏油	5.1.9	目测
5	电气装置	5.8.3、5.8.7	感官、目测
6	安全防护	5.9.3	目测

6.2 负载试验

6.2.1 用户或有关部门有要求时可进行负载试验。

6.2.2 负载试验应在空载试验合格后方能进行。

6.2.3 试验前的安装调试应符合有关技术文件的要求。

6.2.4 在规定的工作转速和满负载条件下,连续工作时间应不少于 2 h。

6.2.5 负载试验项目和方法见表 7。

表 7 负载试验

序号	试验项目	要 求	试验方法
1	工作平稳性及声响	5.1.7	感官
2	安全防护	5.9	目测
3	接地电阻	5.8.5	用接地电阻测试仪测试
4	减速箱、液压系统渗漏油	5.1.9	目测
5	减速箱润滑油、液压油温度,轴承温度和温升	5.1.8 或产品标准要求	用测温仪测试
6	生产率	产品标准要求	按 NY/T 408 的规定
7	工作质量	产品标准要求	按加工工艺要求
8	能源消耗量	产品标准要求	按 GB/T 5667—2008 中 6.2 的规定

6.3 其他试验方法

6.3.1 生产率测定

在额定转速及满负载条件下,测定三次班次小时生产率,每次不小于 2h,取三次测定的算术平均值,结果精确到"1kg/h"。班次时间包括纯工作时间、工艺时间和故障时间。按式(1)计算。

$$E_b = \frac{\sum Q_b}{\sum T_b} \quad \cdots\cdots\cdots\cdots\cdots\cdots\cdots\cdots\cdots\cdots\cdots\cdots\cdots\cdots\cdots\cdots\cdots\cdots\cdots\cdots (1)$$

式中:

E_b——班次小时生产率,单位为千克每小时(kg/h);

Q_b——测定期间班次生产量,单位为千克(kg);

T_b——测定期间班次时间,单位为小时(h)。

6.3.2 能源消耗量测定

在生产率测定的同时进行,测定三次,取三次测定的算术平均值,结果精确到"0.1 kg/t"或"0.1

(kW·h)/t"。按式(2)计算。

$$G_n = \frac{\sum G_{nz}}{\sum Q_b} \quad\text{.................................} (2)$$

式中：

G_n——单位产量的能源消耗量，单位为千瓦小时每吨或千克每吨[(kW·h)/t、kg/t]；

G_{nz}——测定期间班次能源消耗量，单位为千瓦小时或千克(kW·h、kg)。

6.3.3 噪声测定

噪声的测定应按 GB/T 3768 的规定执行。

6.3.4 可用度测定

在正常生产和使用条件下考核不小于 200 h,同一机型不少于 2 台,可在不同地区测定,取所测台数的算术平均值,并按式(3)计算。

$$K = \frac{\sum T_z}{\sum T_z + \sum T_g} \times 100 \quad\text{.................................} (3)$$

式中：

K——可用度,单位为百分率(%)；

T_z——生产考核期间班次工作时间,单位为小时(h)；

T_g——生产考核期间班次的故障时间,单位为小时(h)。

6.3.5 尺寸公差

尺寸公差的测定应按 GB/T 3177 规定的方法执行。

6.3.6 形位公差

形位公差的测定应按 GB/T 1958 规定的方法执行。

6.3.7 硬度测定

洛氏硬度的测定应按 GB/T 230.1 规定的方法执行,布氏硬度测定应按 GB/T 231.1 规定的方法执行。

6.3.8 表面粗糙度测定

表面粗糙度的测定应按 GB/T 10610 规定的方法执行。

6.3.9 齿轮副、蜗轮蜗杆副侧隙和接触斑点测定

渐开线圆柱齿轮侧隙和接触斑点应按 GB/T 13924 规定的方法执行,蜗轮蜗杆副侧隙和接触斑点应按 GB/T 10089 规定的方法执行。

6.3.10 漆膜附着力测定

漆膜附着力测定应按 JB/T 9832.2 规定的方法执行。

7 检验规则

7.1 出厂检验

7.1.1 出厂产品均应实行全检,经检验合格并签发"产品合格证"后才能出厂。

7.1.2 出厂检验项目及要求：

——外观质量应符合 5.2 的要求；

——装配质量应符合 5.7 的要求；

——安全防护应符合 5.9 的要求；

——空载试验应符合 6.1 的要求。

7.2 型式检验

7.2.1 有下列情况之一时应进行型式检验：

    ——新产品的试制定型鉴定；

    ——产品的结构、材料、工艺有较大的改变，可能影响产品性能时；

    ——正常生产时，定期或周期性抽查检验；

    ——产品长期停产后恢复生产；

    ——国家质量监督机构提出进行型式检验要求。

7.2.2 型式检验实行抽样检验，按 GB/T 2828.1 的规定采用正常检查一次抽样方案。

7.2.3 抽样检查批量应不少于 3 台(件)，从中随机抽取样本 2 台(件)。

7.2.4 样本应是 12 个月内生产的产品，整机应在生产企业成品库或销售部门抽取，零部件在半成品库或装配线上经检验合格的零部件中抽取。

7.2.5 型式检验的项目、不合格分类见表 8。

表 8　型式检验项目、不合格分类

不合格分类	检验项目	样本数	项目数	检查水平	样本大小字码	AQL	Ac	Re
A	生产率 工作质量 可用度[a] 安全防护		4			6.5	0	1
B	噪声 轴承位配合公差和形位公差 主要工作部件或齿轮硬度 齿轮副、蜗杆蜗轮副侧隙、接触斑点 轴承温度及温升、减速箱油温	2	5	S-I	A	25	1	2
C	调整装置灵敏可靠性 减速箱、液压系统渗漏油 零部件结合尺寸 涂漆外观和漆膜附着力 整机外观 标志和技术文件		6			40	2	3
注：AQL 为合格质量水平，Ac 为合格判定数，Re 为不合格判定数。								
[a] 监督性检验可以不做可用度检查。								

7.2.6 判定规则

评定时采用逐项检验考核，A、B、C 各类的不合格总数小于等于 Ac 为合格，大于等于 Re 为不合格。A、B、C 各类均合格时，该批产品为合格品，否则为不合格品。

8 标志、包装、运输和贮存

8.1 标志

8.1.1 每台产品都应有标牌，且应固定在明显部位。

8.1.2 标牌应符合 GB/T 13306 的规定。内容应包括：

    ——产品名称和型号；

    ——产品技术规格和出厂编号；

    ——产品主要技术参数和执行的标准；

    ——商标和制造厂名称；

    ——制造或出厂日期。

8.2 包装

8.2.1 包装前对机件和工具的外露加工面应涂防锈剂,对主要零件的加工面应包防潮纸,在正常运输和保管情况下,防锈的有效期自出厂之日起应不少于6个月。

8.2.2 包装箱内应铺防水材料,零部件和随机的备件、工具应固定在箱内。

8.2.3 根据产品的体积、质量大小,可整体装箱,也可分部件包装,但应保证其在运输过程中不受损坏。

8.2.4 包装箱应符合运输和装卸的要求,裸装件、捆装件必要时应有起吊装置,产品的收发货标志按GB/T 6388规定执行。产品的储运标志按GB/T 191规定执行。

8.2.5 每台产品应提供下列文件:
——产品使用说明书;
——产品合格证;
——装箱单(包括附件和随机工具清单)。

8.3 运输

8.3.1 产品运输应符合铁路、公路、水路运输和机械化装载的规定。对特殊要求的产品,应明确其运输要求。

8.3.2 当产品运输途中需要中转时,宜存放在库房内。当露天存放时,应防水遮盖,同时下面用方木垫高,垫高高度应保证通风、防潮和装卸要求。

8.3.3 对运输距离较近,可用汽车运输的产品或用户有要求时,也可裸运,但应有防雨和防碰撞措施。

8.4 贮存

8.4.1 产品和零部件应贮存在室内,库房应通风干燥,并注意防潮,不应与酸碱等有腐蚀性的物品存放在一起。

8.4.2 在室外临时存放时,应防水遮盖。

———————————

ICS 65.060.50
B 91

中华人民共和国农业行业标准

NY/T 498—2013
代替 NY/T 498—2002

水稻联合收割机　作业质量

Operating quality for rice combine harvesters

2013-09-10 发布

2014-01-01 实施

中华人民共和国农业部 发布

前　言

本标准按照 GB/T 1.1—2009 给出的规则起草。

本标准是对 NY/T 498—2002《水稻联合收割机　作业质量》的修订。

本标准与 NY/T 498—2002 相比，主要技术内容变化如下：

——修改了规范性引用文件；

——修改了穗幅差定义；

——删除了污染和作物倒伏程度定义；

——增加了不倒伏定义；

——修改了作业条件；

——修改了作业质量要求；

——修改了损失率、含杂率、破碎率检测方法；

——修改了检验规则。

本标准由农业部农业机械化管理司提出。

本标准由全国农业机械标准化技术委员会农业机械化分技术委员会(SAC/TC 201/SC 2)归口。

本标准起草单位：农业部农业机械试验鉴定总站。

本标准主要起草人：兰心敏、陈兴和、李民、张天翊、孙丽娟。

本标准所代替标准的历次版本发布情况：

——NY/T 498—2002。

水稻联合收割机　作业质量

1　范围

本标准规定了水稻联合收割机(以下简称联合收割机)的作业质量要求、检测方法和检验规则。

本标准适用于联合收割机作业的质量评定。

2　规范性引用文件

下列文件对于本文件的应用是必不可少的。凡是注日期的引用文件,仅注日期的版本适用于本文件。凡是不注日期的引用文件,其最新版本(包括所有的修改单)适用于本文件。

GB/T 5262　农业机械试验条件　测定方法的一般规定

3　术语和定义

下列术语和定义适用于本文件。

3.1

损失率　loss rate

联合收割机各部分损失籽粒质量占籽粒总质量的百分率。

3.2

含杂率　impurities rate

联合收割机收获的籽粒中所含杂质质量占其总质量的百分率。

3.3

破碎率　broken rate

联合收割机因机械损伤而造成破裂、破壳(皮)的籽粒质量占所收获籽粒总质量的百分率。

3.4

穗幅差　earhead range

稻穗直立或稻穗弯曲下垂且穗尖高于稻穗根部的作物,在自然状态下,一束植株中最高植株茎秆基部至稻穗顶部(不包括芒)的长度,减去最低植株茎秆基部至稻穗根部长度的差值。

稻穗弯曲下垂且穗尖低于稻穗根部的作物,在自然状态下,一束植株中最高植株茎秆基部至稻穗顶部(不包括芒)的长度,减去最低植株茎秆基部至穗尖(不包括芒)长度的差值。

3.5

割茬高度　stubble length

收割完成后,留在地面上的稻茬高度。

3.6

不倒伏　non-lodging

穗头根部和茎秆基部连线与地面垂直线间的夹角在 0°～30°为不倒伏。

3.7

作物自然高度　crop natural height

作物在自然状态下,最高点至地面的距离。

4　作业质量要求

4.1　作业条件

4.1.1 收割应在水稻的完熟期或蜡熟期、不倒伏条件下进行。地表应不陷脚、无积水,田块无明显杂草。收割作业前,应对作物品种、作物成熟期、自然高度、自然落粒、籽粒含水率以及地块大小、杂草情况等进行调查和测定。

4.1.2 全喂入式联合收割机作业,作物籽粒含水率为15%～28%。

4.1.3 半喂入式联合收割机作业,作物自然高度在 650 mm～1 200 mm 之间,穗幅差不大于 250 mm,籽粒含水率为15%～28%。

4.2 在 4.1 规定的作业条件下,联合收割机作业质量应符合表 1 的规定。

表 1 作业质量要求

序号	检测项目名称	质量指标要求		检测方法对应的条款号
		全喂入	半喂入	
1	损失率,%	≤3.5	≤2.5	5.1.2
2	含杂率,%	≤2.5c	≤2.0	5.1.3
3	破碎率,%	≤2.5	≤1.0	5.1.4
4	割茬高度,cm	≤18a		5.1.5
5	茎秆切碎合格率,%	≥90b		5.1.6
6	漏收情况	收割后的田块,应无漏收的现象		5.1.7
7	污染情况	籽粒无污染;地块和茎秆中无污染		5.1.8
a 全喂入式联合收割机的割茬高度可根据当地农艺要求确定。				
b 仅适用于需进行茎秆切碎的作业。				
c 无筛选机型的含杂率由服务和被服务双方协商确定。				

5 检测方法

5.1 专业检测方法

5.1.1 作业条件测定

收割作业前,除穗幅差按本标准测定外,其余的作业条件均按 GB/T 5262 的规定进行。

5.1.2 损失率

在收割后地块按五点法确定 5 个区域。每个区域为沿联合收割机前进方向长度 1 m(割幅大于 2 m 时,划取长度为 0.5 m),宽为联合收割机工作幅宽的取样面积。在各区域内排出的秸秆和杂余中收集全部谷穗和落粒,去除杂质和颖壳后得到全部损失的籽粒,称量并减去自然落粒质量,按式(1)、式(2)和式(3)计算损失率,取平均值。

$$m_h = \frac{m}{BL} \quad\cdots\cdots\cdots\cdots\cdots\cdots\cdots\cdots\cdots\cdots\cdots\cdots\cdots\cdots\cdots\cdots\cdots\cdots (1)$$

式中:

m_h——每平方米收获的水稻籽粒质量,单位为克每平方米(g/m^2);

B——作业幅宽,单位为米(m);

L——测区长度,单位为米(m);

m——测区内收获的籽粒质量,单位为克(g)。

$$m_s = \frac{\sum m_i - 5\overline{m_l}}{5BL_q} \quad\cdots\cdots\cdots\cdots\cdots\cdots\cdots\cdots\cdots\cdots\cdots\cdots (2)$$

式中:

m_s——每平方米水稻籽粒损失质量,单位为克每平方米(g/m^2);

m_i——第 i 个区域损失的水稻籽粒质量,单位为克(g);

$\overline{m_l}$——平均自然落粒质量,单位为克(g);

L_q——取样区域的长度，单位为米(m)；

i　——1,2,…,5。

$$S = \frac{m_s}{m_h + m_s} \times 100 \quad \cdots\cdots (3)$$

式中：

S——损失率，单位为百分率(%)。

5.1.3 含杂率

在联合收割机收获的籽粒中随机抽取 5 份样品，每份不少于 2 000 g。用四分法分样得到 5 份各 500 g 的样品。对每个样品进行清选处理，去除其中的杂质后称量，按式(4)计算含杂率，取平均值。

$$Z_Z = \frac{m_z - m_q}{m_z} \times 100 \quad \cdots\cdots (4)$$

式中：

Z_Z——含杂率，单位为百分率(%)；

m_z——样品质量，单位为克(g)；

m_q——杂质清除后样品质量，单位为克(g)。

5.1.4 破碎率

与 5.1.3 条同时进行。将去除杂质的籽粒样品混合后，用四分法分样得到 5 份各 100 g 的样品，挑选出其中破裂、破壳(皮)的籽粒后称量，按式(5)计算破碎率，取平均值。

$$Z_p = \frac{m_y - m_p}{m_y} \times 100 \quad \cdots\cdots (5)$$

式中：

Z_p——破碎率，单位为百分率(%)；

m_y——样品质量，单位为克(g)；

m_p——破碎籽粒清除后样品质量，单位为克(g)。

5.1.5 割茬高度

在测区内，按对角线法取 5 点，每点测 5 株割茬高度，取平均值。

5.1.6 茎秆切碎合格率

在每个取样点处 1 m² 的区域内收集所有的茎秆称量，再从中挑出切碎长度大于 15 cm 的不合格茎秆称量，按式(6)计算茎秆切碎合格率，取 5 点平均值。

$$F_h = \frac{m_z - m_b}{m_z} \times 100 \quad \cdots\cdots (6)$$

式中：

F_h——第 i 测点茎秆切碎合格率，单位为百分率(%)；

m_z——第 i 测点茎秆总质量，单位为克(g)；

m_b——第 i 测点不合格茎秆质量，单位为克(g)。

5.1.7 漏收情况

用目测法检查收割后田块有无漏收的现象。

5.1.8 污染情况

用目测法观查收获的籽粒中有无由于联合收割机漏油造成的污染，茎秆和地块内有无由于联合收割机漏油造成的污染。

5.2 损失率简易检测方法

5.2.1 损失率由被服务方在作业现场测取。通常作业条件下，在联合收割机作业完成后的田块内随机取 5 点～10 点,每点取 1 dm² 测区,分别收取测区内夹杂在秸秆和杂余内的籽粒、穗头上未脱净的籽粒和掉落在地面的籽粒,清数损失的籽粒个数,取平均值。

5.2.2 损失率的质量指标要求为每平方分米(dm²)不大于 7 粒。

6 检验规则

6.1 检验分类
检验分简易检验和专业检验。

6.2 简易检验
由服务双方协商确定采用简易检验方法。

6.3 专业检验

6.3.1 在下列情况之一时应进行专业检验:
a) 服务双方对作业质量有争议;
b) 进行联合收割机作业质量对比试验。

6.3.2 专业检验项目
检测结果不符合本标准第 4 章相应要求时判该项目不合格。检测项目见表 2。

表 2 检测项目表

序号	检 测 项 目
1	损失率
2	含杂率
3	破碎率
4	割茬高度
5	茎秆切碎合格率
6	漏收情况
7	污染情况

6.4 对检测项目进行逐项考核,检测项目全部合格,判定该联合收割机作业质量合格,否则为不合格。

ICS 65.060.20
B 91

中华人民共和国农业行业标准

NY/T 499—2013
代替 NY/T 499—2002

旋耕机 作业质量

Operating quality for rotary tillers

2013-09-10 发布　　　　　　　　　　　　　　　　2014-01-01 实施

中华人民共和国农业部 发布

前　言

本标准按照 GB/T 1.1—2009 给出的规则起草。

本标准是对 NY/T 499—2002《旋耕机　作业质量》的修订。

本标准与 NY/T 499—2002 相比,主要技术内容变化如下:

——标准的内容、结构按照 NY/T 1353 的规定进行了增补、规范和编排;

——规范修改了术语和定义中的部分内容;

——细化、规范了作业条件要求,增加了水耕的要求;

——删除了旋耕层深度、耕后沟底不平度检测项目,提高了部分检测项目质量指标要求;

——增加了简易检测方法,规范了检测方法的描述;

——修改了旋耕层深度合格率的检测方法;

——修改了旋耕后地表平整度的检测方法;

——去除了检测项目分类,修改了综合判定规则;

——删除了附录 A。

本标准由农业部农业机械化管理司提出。

本标准由全国农业机械标准化技术委员会农业机械化分技术委员会(SAC/TC 201/SC 2)归口。

本标准起草单位:农业部南京农业机械化研究所、江苏银华春翔机械制造有限公司、盐城市盐海拖拉机制造有限公司、河北双天机械制造有限公司、连云港市连发机械有限公司。

本标准主要起草人:朱继平、袁栋、丁艳、孙克润、夏建林、白占欣、张晓兵、彭卓敏、夏敏、姚克恒。

本标准所代替标准的历次版本发布情况为:

——NY/T 499—2002。

旋耕机 作业质量

1 范围

本标准规定了旋耕机作业的质量要求、检测方法和检验规则。

本标准适用于旋耕机水、旱耕作业的质量评定。

2 规范性引用文件

下列文件对于本文件的应用是必不可少的。凡是注日期的引用文件,仅注日期的版本适用于本文件。凡是不注日期的引用文件,其最新版本(包括所有修改单)适用于本文件。

GB/T 5262—2008 农业机械试验条件 测定方法的一般规定

3 术语和定义

下列术语和定义适用于本文件。

3.1

旋耕层深度 rotary tillage layer depth

旋耕机作业后,耕后地表至旋耕沟底的距离。

3.2

旋耕层深度合格率 the qualified rate of rotary tillage layer depth

旋耕层深度测量的合格点数占总测量点数的百分比。

3.3

田角余量 no-tilling edges and corners area

在作业田块中,旋耕机组因各种障碍和地头地边无法作业而不得不剩余的未耕地面积之和。

3.4

旋耕后地表平整度 soil surface planeness after rotary tillage

旋耕机作业后,耕后地表几何形状高低不平的程度。

3.5

漏耕 omission uncultivated land

地表状况允许作业机组通过,能够作业的地方在实际中没有作业,叫漏耕。

3.6

耕后地表植被残留量 the residue amount of the vegetation on the surface after rotary tillage

旋耕机作业后,单位面积上露出地表的植物质量(不含根茬的地下部分)。

3.7

泥脚深度 plow pan depth

泥层表面至硬底层的距离。

3.8

水层深度 water depth

水面至泥层表面的距离。

4 作业质量要求

4.1 作业条件

    a) 土壤质地为壤土或轻黏土；

    b) 平作地的地表应平整，垄作地的垄沟应平直；

    c) 水稻、小麦等前茬作物的留茬高度应不大于 25 cm，其秸秆粉碎长度应不大于 15 cm；玉米、高粱等前茬作物的留茬高度应不大于 10 cm，其秸秆和根茬的粉碎长度应不大于 5 cm；

    d) 耕前地表植被覆盖量应不大于 0.6 kg/m²，地表遗留的秸秆和粉碎后的根茬应抛撒均匀；

    e) 旱耕时，土壤绝对含水率应为 15%～25%；

    f) 水耕时，泥脚深度应不大于 30 cm，水层深度为 3 cm～5 cm。

4.2 在 4.1 规定的作业条件下，旋耕机作业质量应符合表 1 的规定。

表 1 作业质量要求

序号	检测项目名称	质量指标要求	检测方法对应的条款号
1	旋耕层深度合格率，%	≥90	5.1.3、5.3.1.1、5.3.2.1
2	耕后地表植被残留量，g/m²	≤200.0	5.1.3、5.3.1.2
3	碎土率，%	≥60	5.1.3、5.3.1.3
4	旋耕后地表平整度，cm	≤4.0	5.1.3、5.3.1.4
5	耕后田面情况	作业后田角余量少，田间无漏耕，没有明显壅土、壅草现象	5.1.3、5.3.1.5

注 1：旋耕层深度根据农艺要求确定，也可由服务双方协商确定。
注 2：水耕时不测定碎土率。

5 检测方法

5.1 简易检测方法

5.1.1 检测质量指标要求

    由服务双方协商确定。

5.1.2 检测的计量器具

    采用服务双方认可的钢板尺或钢卷尺等计量器具。

5.1.3 测试方法

    旋耕层深度合格率由被服务方在作业现场测取，在作业地块四周和中间各取 1 个测区，共 5 个测区；每个测区随机测定不少于 5 点，计算旋耕层深度不小于 a（a 为农艺要求或服务双方协商确定的旋耕层深度）的点数占总的测定点数的百分比为旋耕层深度合格率。

    耕后地表植被残留量、碎土率、旋耕后地表平整度、耕后田面情况项目采用目测。

5.2 专业检测方法

5.2.1 检测前准备

    检测用仪器、设备需检查校正，计量器具应在规定的有效检定周期内。

5.2.2 检测时机确定

    旋耕机作业质量的检测一般应在作业地块现场正常作业时或作业完成后立即进行。

5.2.3 测区和测点的确定

5.2.3.1 测区的确定

    一般应以一个完整的作业地块为测区。当旋耕机作业的地块较大时，如作业地块宽度大于 60 m，长度大于 80 m，可采用抽样法确定测区。确定的方法是，先将地块沿长宽方向的中点连十字线，将地块分成 4 块，随机抽取对角的 2 块作为测区。

5.2.3.2 测点的确定

按照 GB/T 5262—2008 中 4.2 规定的五点法进行。

5.2.4 检测要求

用抽样法确定的测区,所选取的地块均作为独立的测区,分别检测。

5.3 作业质量检测

5.3.1 旱耕

5.3.1.1 旋耕层深度合格率

用耕深尺测量。按照 5.2.3.2 的规定确定测点,各个测点沿垂直于旋耕机作业方向取一定宽度(大于旋耕机的作业宽度)为一个测定区域,每个测定区域随机取 5 点,测定旋耕层深度。计算旋耕层深度不小于 a(a 为农艺要求或服务双方协商确定的旋耕层深度)的点数占总的测定点数的百分比为旋耕层深度合格率,按式(1)计算。

$$U = \frac{q}{s} \times 100 \quad\cdots\cdots\cdots\cdots\cdots\cdots\cdots\cdots\cdots\cdots\cdots\cdots\cdots (1)$$

式中:

U——旋耕层深度合格率,单位为百分率(%);

q——旋耕层深度不小于 a 的点数;

s——旋耕层深度总的测定点数。

5.3.1.2 耕后地表植被残留量

按照 5.2.3.2 的规定确定测点,每点按 1 m² 面积紧贴地面剪下露出地表的植物(不含根茬的地下部分),称其质量,并计算出 5 点的平均值即为耕后地表植被残留量。

5.3.1.3 碎土率

测点与耕后地表植被残留量测点对应,每个测点面积取 0.5 m×0.5 m。在其全耕层内,以最长边小于 4 cm 的土块质量占总质量的百分比为该点的碎土率,求 5 点平均值。按式(2)、式(3)计算各测点碎土率和碎土率。

a) 测点的碎土率:

$$E_i = \frac{m_a}{m_b} \times 100 \quad\cdots\cdots\cdots\cdots\cdots\cdots\cdots\cdots\cdots\cdots\cdots\cdots (2)$$

式中:

E_i——第 i 个测点的碎土率,单位为百分率(%);

m_a——第 i 个测点全耕层最长边小于 4 cm 的土块质量,单位为千克(kg);

m_b——第 i 个测点 0.5 m×0.5 m 面积内的全耕层土壤的质量,单位为千克(kg)。

b) 碎土率:

$$E = \frac{\sum_{i=1}^{n} E_i}{n} \times 100 \quad\cdots\cdots\cdots\cdots\cdots\cdots\cdots\cdots\cdots\cdots\cdots\cdots (3)$$

式中:

E——碎土率,单位为百分率(%);

n——测点数量,$n=5$。

5.3.1.4 旋耕后地表平整度

测点与耕后地表植被残留量测点对应。沿垂直于旋耕机作业方向,在地表最高点以上取一条与地表平行的基准线,在其适当位置上取一定宽度(大于旋耕机工作幅宽),分成 10 等份,测定基准线上各等份点至地表的距离,按式(4)、式(5)计算各测点的旋耕后地表平整度和旋耕后地表平整度。

a) 测点的旋耕后地表平整度:

$$G_j = \frac{\sum_{i=1}^{m} |X_{ij} - \overline{X}_j|}{m} \quad\cdots\cdots\cdots\cdots\cdots\cdots\cdots\cdots\cdots\cdots\cdots (4)$$

式中：

G_j——第 j 个测点处的旋耕后地表平整度，单位为厘米（cm）；

$\overline{X}_j$——第 j 个测点处各等份点至地表的距离平均值，单位为厘米（cm）；

X_{ij}——第 j 个测点处第 i 个等份点至地表的距离，单位为厘米（cm）；

m——第 j 个测点的等份点数量，$m=11$。

b) 旋耕后地表平整度：

$$G = \frac{\sum_{j=1}^{M} G_j}{M} \quad\cdots\cdots\cdots\cdots\cdots\cdots\cdots\cdots\cdots\cdots\cdots (5)$$

式中：

G——旋耕后地表平整度，单位为厘米（cm）；

M——测点数量，$M=5$。

5.3.1.5 耕后田面情况

采用观察法现场检测评价。

5.3.2 水耕

5.3.2.1 旋耕层深度合格率

测量时，制作一个测量段长度为 50 cm～80 cm 的截面尺寸为 1 cm×2 cm 矩形或直径为 1.6 cm 圆形的深度尺垂直插入旋耕层，当插入阻力明显变大时，深度尺与耕后泥层表面相交处的刻度即为旋耕层深度。测点选取和计算方法同 5.3.1.1。

5.3.2.2 耕后地表植被残留量、旋耕后地表平整度、耕后田面情况分别同 5.3.1.2、5.3.1.4、5.3.1.5。

6 检验规则

6.1 检验分类

检验分简易检验和专业检验。

6.2 简易检验

简易检验由服务双方协商确定检测项目、检测质量指标要求，并采用简易检测方法进行。

6.3 专业检验

6.3.1 在下列情况之一时应进行专业检验：

a) 服务双方对作业质量有争议；

b) 进行旋耕机作业质量对比试验。

6.3.2 专业检验项目

旋耕机分旱耕、水耕，按照表 2 确定作业质量考核项目。

表 2 作业质量考核项目表

检测项目	旱耕	水耕
旋耕层深度合格率	√	√
耕后地表植被残留量	√	√
碎土率	√	—
耕后地表平整度	√	√
耕后田面情况	√	√
注：表中"√"为考核项；"—"为不考核项。		

6.4 单项判定规则

检测结果不符合被服务方要求,或不符合本标准第 4 章相应要求时,判该项目不合格。

6.5 综合判定规则

6.5.1 单一测区

对确定的检测项目进行逐项考核。项目全部合格,则判定旋耕作业质量为合格;否则为不合格。

6.5.2 抽样法确定的测区

先按 6.5.1 逐块考核,再考核整个测区。两块旋耕作业质量全部合格,则判定旋耕作业质量为合格;否则为不合格。

ICS 65.060.50
B 91

中华人民共和国农业行业标准

NY 642—2013
代替 NY 642—2002

脱粒机安全技术要求

Safety technical requirements for threshers

2013-09-10 发布 2014-01-01 实施

中华人民共和国农业部 发布

前　言

本标准按照 GB/T 1.1—2009 给出的规则起草。

本标准是对 NY 642—2002《脱粒机安全技术要求》的修订。

本标准与 NY 642—2002 相比,主要技术内容变化如下:

——修改了范围;

——增加了术语和定义;

——删除了整机一般性要求;

——删除了防护装置中说明性的内容和不易准确操作的要求,并对其余内容进行编辑性修改和调整;

——在喂入装置中增加了人工喂入的半喂入脱粒机和玉米脱粒机喂入装置的要求;

——在喂入装置中增加了螺旋输送喂入、夹持输送喂入、捡拾输送喂入的输送装置防护要求;

——增加了输粮装置和动力分离或切断装置的安全要求;

——将"紧固件"改为"重要部位紧固件",并删除了非重要部位紧固件的要求;

——将使用说明书和标志进行了章节性调整;

——调整了附录内容。

本标准由农业部农业机械化管理司提出。

本标准由全国农业机械标准化技术委员会农业机械化分技术委员会(SAC/TC 201/SC 2)归口。

本标准起草单位:山西省农业机械质量监督管理站。

本标准主要起草人:张玉芬、吴庆波、周航杰、赵建红。

本标准所代替标准的历次版本发布情况为:

——NY 642—2002。

脱粒机安全技术要求

1 范围

本标准规定了机动脱粒机安全技术要求。

本标准适用于全喂入式脱粒机、半喂入式脱粒机和玉米脱粒机。

2 规范性引用文件

下列文件对于本文件的应用是必不可少的。凡是注日期的引用文件，仅注日期的版本适用于本文件。凡是不注日期的引用文件，其最新版本（包括所有的修改单）适用于本文件。

GB/T 9239.1—2006 机械振动 恒态（刚性）转子平衡品质要求 第1部分：规范与平衡允差的检验

GB/T 9480 农林拖拉机和机械、草坪和园艺动力机械 使用说明书编写规则

GB 10396 农林拖拉机和机械、草坪和园艺动力机械 安全标志和危险图形 总则

GB 23821—2009 机械安全 防止上下肢触及危险区的安全距离

3 术语和定义

下列术语和定义适用于本文件。

3.1

喂入台长度 feeding table length

喂入台外端至脱粒滚筒外缘的最小距离。

3.2

喂入罩长度 feeding cover length

喂入罩外端至脱粒滚筒外缘的最小距离。

4 安全技术要求

4.1 传动部件

4.1.1 操作者可能触及到的传动部件应有防护装置，保证人的肢体与危险运动件不能接触。

4.1.2 采用金属网防护装置时，金属网应不变形，网孔尺寸应符合 GB 23821—2009 中表4的规定。

4.1.3 采用距离防护的部位，操作者至传动部件的安全距离应符合 GB 23821—2009 中 4.2.1.2 和 GB 23821—2009 中表1的规定。

4.1.4 防护装置应能在机器正常使用时保证安全所要求的强度和刚度。

4.2 滚筒平衡

4.2.1 全喂入脱粒机滚筒长度不大于 700 mm 时，允许进行静平衡试验；大于 700 mm 时，应做动平衡试验，不平衡量见表1。

表1 全喂入脱粒机滚筒不平衡量

滚筒长度，mm	平衡方式	不平衡量，N·m
≤700	静平衡	≤0.050
>700	动平衡	≤0.020
>900	动平衡	≤0.025

表 1（续）

滚筒长度，mm	平衡方式	不平衡量，N·m
>1 350	动平衡	≤0.036
>1 500	动平衡	≤0.048

4.2.2 半喂入脱粒机滚筒应进行静平衡试验。弓齿滚筒（含带轮）不平衡量不大于 0.015 N·m;其他形式的滚筒(不含带轮、轴承)不平衡量不大于 0.030 N·m。

4.2.3 玉米脱粒机滚筒转速不超过 700 r/min,长度与直径比不大于 0.6 时,应做静平衡试验;否则,做动平衡试验。平衡精度等级为 G16 级,其平衡品质的确定应符合 GB/T 9239.1—2006 中第 5 章和第 6 章的规定。

4.3 喂入装置

4.3.1 脱粒机的喂料口应有安全喂入装置,保证操作者正常作业时人的肢体不能触及脱粒滚筒及其他旋转部件。

4.3.2 人工喂入的全喂入脱粒机,喂入台长度应不小于 850 mm,喂入罩长度应不小于 550 mm。对于人只能站在喂入台正面喂入的机型,允许降低喂入罩长度。但在不影响操作的情况下,应尽量增加其防护范围。

4.3.3 人工喂入的半喂入脱粒机,喂入台长度应不小于 450 mm。允许采用隔离操作者的其他结构进行防护,其外端至脱粒滚筒外缘的最小水平距离应不小于 450 mm。

4.3.4 人工喂入的玉米脱粒机,从结构上应保证,从垂直于喂料口方向观察,不可见脱粒滚筒。人工轴向单穗喂入的微型玉米脱粒机,喂入口直径(或最大尺寸)不大于 110 mm,喂入罩长度应不小于 130 mm。

4.3.5 采用输送带或输送链喂入的脱粒机,输送装置周边应进行防护;采用螺旋输送器喂入的脱粒机,螺旋输送槽两侧应高于螺旋叶片的最高点;采用夹持输送器喂入的半喂入式脱粒机,非夹持段应进行防护;采用自动捡拾台捡拾输送喂入的脱粒机,在使用说明书中和机器上用适当的安全标志进行警示,指出机器运转时搅龙和捡拾器处有剪切、挤压和缠绕等危险。

4.4 输粮装置

4.4.1 带式输粮装置（包括扬场器）的入口端和侧面应进行防护,以防止意外接触。

4.4.2 螺旋式输粮装置的螺旋输送器应封闭或配置防护装置(入口和出口端除外)。

4.5 动力分离或切断装置

配带动力出厂的脱粒机,应设置动力分离或切断装置。动力分离或切断装置应设置于操作者容易触及的位置。

4.6 重要部位紧固件

滚筒(包括纹杆、齿杆和脱粒盘)、滚筒轴承座、曲柄等安装螺栓副性能等级为螺栓不低于 8.8 级,螺母不低于 8 级,并有可靠的防松措施,其扭紧力矩应符合表 2 的规定。

表 2　8.8 级螺栓扭紧力矩

公称尺寸	扭紧力矩，N·m
M8	25±5
M10	50±10
M12	90±18
M14	160±32
M16	225±45
M20	435±87

5 使用信息

5.1 标志

5.1.1 产品标牌

脱粒机应设置至少包括下列信息的清晰耐久性产品标牌：
- ——产品名称型号；
- ——配套动力；
- ——主轴（滚筒）转速；
- ——出厂编号及日期；
- ——制造厂名称和地址。

5.1.2 安全标志

在脱粒机上至少应设置下列耐久性安全标志：
- ——在喂入口设置高速旋转的脱粒滚筒产生危险的安全标志；
- ——在排草（排杂、排风）口设置抛出物产生危险的安全标志；
- ——在防护装置附近设置传动部件产生危险、禁止打开的安全标志；
- ——在螺旋式输粮装置入口处设置螺旋输送器产生缠绕危险的安全标志（适用时）；
- ——在风机进风口设置叶片剪切危险的安全标志（适用时）。

安全标志应符合 GB 10396 的规定。

安全标志示例见附录 A、附录 B 和附录 C，可根据需要形成涉及其他危险的安全标志。

5.1.3 滚筒提示标识

在脱粒滚筒传动带轮附近的机器侧壁处，应设置滚筒旋转方向、严禁超速等耐久醒目的标识。

5.2 使用说明书

5.2.1 每台脱粒机出厂时应提供产品使用说明书，并按 GB/T 9480 的要求编写。

5.2.2 机器上使用的安全标志应在使用说明书中重现，且清晰、易读。同时，应有安全标志在机器上粘贴位置的说明、使机器上安全标志保持清晰易见必要性的说明、安全标志丢失或不清楚时需要更换的说明及更换新件时，新部件上应带有制造厂规定的安全标志的说明。

5.2.3 可配套多种动力的脱粒机，使用说明书中应列出配套电机、柴油机或其他动力的功率范围以及对应配套动力的传动带轮规格，以保证使用时滚筒转速在其明示范围内。

5.2.4 使用说明书应有详细的安全使用规定，编排在前部，并且醒目区别于其他内容。安全使用规定至少应包含以下内容：

a) 使用机器前，应详细阅读使用说明书，了解使用说明书中安全操作规程和危险部位安全标志所提示的内容；

b) 使用机器前，应检查机器上安全标志、操作指示和产品铭牌有无缺损，如有缺损应及时补全；

c) 使用机器前，应检查脱粒滚筒上的纹杆、板齿、钉齿等工作部件有无裂纹或变形。更换新部件时，应按使用说明书的要求或在企业有经验的维修人员指导下进行；

d) 不得对机器进行妨碍操作和影响安全的改装；

e) 使用时，电机必须进行接地保护，电源线应绝缘可靠；

f) 用户自行配套或更换动力的脱粒机，应自行设置动力分离或切断装置，动力分离或切断装置应设置于操作者容易触及的位置；

g) 用户自行配套或更换动力时，必须保证配套动力的功率和滚筒转速在使用说明书或机器明示标识所规定的范围内，外露的传动部位必须有防护装置；

h) 作业场地应宽敞，没有火灾隐患；

i) 机器作业前应进行试运转,试运转应无碰擦、异常响声和振动,滚筒旋向应正确,转速应符合明示要求,严禁超速;

j) 在确认机器旁边没有无关人员,操作人员就位时方可启动机器;

k) 严禁酒后,孕妇、未成年人等不具有完全行为能力的人员操作,操作人员应扎紧袖口,留长发时应戴防护帽;

l) 作业时严禁将手伸入喂料口、排草口、输粮搅龙出入口、风机进排风口以及其他危险运动件内;

m) 排草口、排杂口、排风口等可能造成人员伤害的位置严禁站人;

n) 作业时,严禁将石头、木块、金属等坚硬物喂入机器内;

o) 发现堵塞和其他异常应立即停机,完全关闭动力,待机器停止运转后方可进行清理和检查;

p) 脱粒滚筒、风机及其轴承座和其他运动部件上的螺栓不得有松动现象,并应按使用说明书的要求定期检查。

附　录　A

（规范性附录）

图形带和文字带组成的安全标志示例

A.1 喂入口安全标志见图 A.1。

A.2 防护装置安全标志见图 A.2。

A.3 风机进风口安全标志见图 A.3。

1.机器工作时，不得拆下喂入罩。

2.操作时严禁手触及滚筒。

图 A.1　喂入口安全标志

机器工作时不得打开或拆下防护罩。

图 A.2　防护装置安全标志

机器工作时禁止手触碰叶轮。

图 A.3　风机进风口安全标志

A.4 输粮搅龙入口安全标志见图 A.4。

A.5 排草（排杂、排风）口安全标志见图 A.5。

1.机器运转时禁止肢体触及输粮搅龙。

2.清理堵塞时必须停机。

图 A.4　输粮搅龙入口安全标志

机器工作时，排草（排杂、排风）口严禁站人。

图 A.5　排草（排杂、排风）口安全标志

附 录 B

（规范性附录）

符号带、图形带和文字带组成的安全标志示例

B.1　喂入口安全标志见图 B.1。

B.2　防护装置安全标志见图 B.2。

B.3　风机进风口安全标志见图 B.3。

图 B.1　喂入口安全标志

图 B.2　防护装置安全标志

图 B.3　风机进风口安全标志

B.4　输粮搅龙入口安全标志见图 B.4。

B.5　排草（排杂、排风）口安全标志见图 B.5。

图 B.4　输粮搅龙入口安全标志

图 B.5　排草（排杂、排风）口安全标志

附 录 C
（规范性附录）
符号带和文字带组成的安全标志示例

C.1 喂入口安全标志见图C.1。
C.2 防护装置安全标志见图C.2。
C.3 风机进风口安全标志见图C.3。

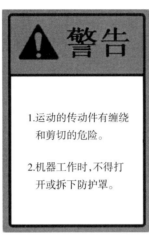

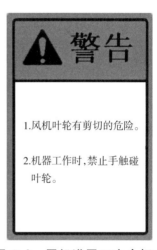

图 C.1 喂入口安全标志　　　图 C.2 防护装置安全标志　　　图 C.3 风机进风口安全标志

C.4 输粮搅龙入口安全标志见图C.4。
C.5 排草（排杂、排风）口安全标志见图C.5。

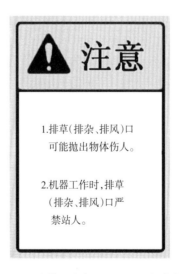

图 C.4 输粮搅龙入口安全标志　　　　　图 C.5 排草（排杂、排风）口安全标志

ICS 65.060.40
B 91

中华人民共和国农业行业标准

NY/T 650—2013
代替 NY/T 650—2002

喷雾机(器) 作业质量

Operating quality for sprayers

2013-09-10 发布

2014-01-01 实施

中华人民共和国农业部 发布

NY/T 650—2013

前　言

本标准按照 GB/T 1.1—2009 给出的规则起草。

本标准是对 NY/T 650—2002《喷雾机(器)　作业质量》的修订。

本标准与 NY/T 650—2002 相比,主要技术变化如下:

——标准的内容按照 NY/T 1353 的规定进行了规范和编排;

——修改了规范性引用文件内容;

——删除了检测项目分类;

——修改了判定规则。

本标准由农业部农业机械化管理司提出。

本标准由全国农业机械标准化技术委员会农业机械化分技术委员会(SAC/TC 201/SC 2)归口。

本标准起草单位:山东华盛中天机械集团有限公司、农业部南京农业机械化研究所。

本标准主要起草人:邵逸群、陈聪、王忠群、郭丽。

本标准所代替标准的历次版本发布情况为:

——NY/T 650—2002。

喷雾机(器) 作业质量

1 范围

本标准规定了喷雾机(器)作业的质量要求、检测方法和检验规则。

本标准适用于喷雾机(器)进行地面常规量喷雾、低量喷雾和超低量喷雾作业质量的评定。

2 规范性引用文件

下列文件对于本文件的应用是必不可少的。凡是注日期的引用文件,仅注日期的版本适用于本文件。凡是不注日期的引用文件,其最新版本(包括所有的修改单)适用于本文件。

GB 4285　农药安全使用标准

GB 10395.6　农林拖拉机和机械　安全技术要求　第6部分:植物保护机械

JB/T 9782—1999　植保机械　通用试验方法

3 术语和定义

下列术语和定义适用于本文件。

3.1

常规量喷雾　conventional volume spray

每公顷施液量不小于450 L的喷雾。

3.2

低量喷雾　low volume spray

每公顷施液量大于7.5 L,但小于450 L的喷雾。

3.3

超低量喷雾　ultra low volume spray

每公顷施液量不大于7.5 L的喷雾。

3.4

工作幅宽　working width

正交于作业前进方向上的有效喷洒宽度。

3.5

药液覆盖率　spray coverage

常规量雾在作物叶面上覆盖药液的面积占叶面总面积的百分比。

3.6

雾滴沉积密度　droplet deposition density

低量喷雾和超低量喷雾沉积在作物单位面积上的雾滴数。

3.7

雾滴分布均匀性　droplet distribution uniformity

喷洒的雾滴在作业区内表面分布的均匀程度。

注:均匀性用变异系数表示。

4 作业质量要求

4.1 一般作业条件

4.1.1 作业机具

    a) 作业机具的安全性应符合 GB 10395.6 的规定；

    b) 作业机具应具有产品合格证、随机技术文件(使用说明书等)、配件或附件；

    c) 旧机具应经维修保养,性能不低于使用说明书的要求。

4.1.2 作业人员

作业人员应经过专业技术培训,具备田间作业的实际操作能力。

4.1.3 农药

    a) 必须有农药登记证、生产许可证和注册商标；

    b) 应有明确的产品名称、明确的用量、配兑、毒性、生产日期和有效期等说明。

4.1.4 环境条件

    a) 应无雨、少露,气温应在 5℃～30℃；

    b) 作业时风速应符合下列要求：

        1) 常规量喷雾风速不大于 3 m/s；

        2) 低量喷雾和超低量喷雾风速不大于 2 m/s,超低量喷雾无上升气流。

4.2 作业质量要求

4.2.1 一般作业条件下,喷雾机(器)作业质量应符合表 1 的规定。

4.2.2 作业条件不符合 4.1 的规定或对作业有特殊要求时,作业服务和被服务双方可在表 1 的基础上另行商定。

表 1 作业质量要求

项 目		作业质量要求		
		常规量喷雾	低量喷雾	超低量喷雾
药液覆盖率	非内吸性药剂	≥33%	—	—
雾滴沉积密度 滴/cm²	杀虫剂	—	≥25	≥10
	杀菌剂 内吸性杀菌剂		≥20	
	杀菌剂 非内吸性杀菌剂		≥50	
	除草剂 内吸性除草剂	—	≥30	
	除草剂 非内吸性除草剂		≥50	
雾滴分布均匀性 (变异系数)	手动喷雾器	≤30%	≤40%	—
	机动喷雾机	≤50%	≤50%	≤70%
作物机械损伤率		≤1%		

5 检验方法

5.1 检测用仪器、仪表及用具

    a) 放大镜:5 倍～10 倍；

    b) 纸卡:2 cm×5 cm 的毫米格纸；

    c) 卷尺:100 m；

    d) 量筒:5 mL、100 mL、2 L 各一只；

    e) 容器:5 L；

    f) 秒表；

    g) 标杆；

    h) 分光光度计；

    i) 指示剂:丽春红 G；

    j) 叶面积仪。

5.2 准备

5.2.1 根据作物的种类、生长期、作物的种植结构和地貌等条件正确地选择作业机具。

5.2.2 将作业机具调整到正常工作状况。用清水进行试运行,并校准喷雾量和工作幅宽。

5.2.3 根据作物及其病虫害的种类正确地选择农药。

5.2.4 农药的配兑应按农药使用说明书的要求进行,用硬度小的清水。农药的安全使用应按 GB 4285 的规定。作业时应佩戴安全防护用具。

5.2.5 在工作幅宽边界竖立标杆,以便于检测。

5.3 药液覆盖率的检测

5.3.1 取样点分布

a) 高大植物(如橡胶树、果树等),选取有代表性高度的 3 株,在每株树冠上、中、下的每一个等高平面内均布 10 个点进行观察;

b) 一般作物(如玉米、高粱、棉花、水稻、小麦等作物的中、后期),在每个工作幅宽范围内,随机选取一行,每行中均匀间隔选取 10 株。每株在其最高处(上)、株高 3/4 处(中)、株高 1/4 处(下)进行观察;

c) 低矮作物(山芋、花生和其他作物的苗期),在每个工作幅宽范围内,随机选取一行,每行中均匀间隔选取 10 株,每株随机观察一处。

5.3.2 检测

采用指数法测定。在喷药后药液干燥前,迅速地在每个取样点选取一片叶子,用分级方法,观察并记录叶片正反两面药液的附着情况。

分级标准见 JB/T 9782—1999 中 5.3.2 a)。

按式(1)计算药液覆盖率(%)。

$$覆盖率 = \frac{(1\ 级叶片数 \times 1) + (2\ 级叶片数 \times 2) + (3\ 级叶片数 \times 3) + (4\ 级叶片数 \times 4)}{观察叶片总数 \times 4} \times 100 \quad\cdots\cdots (1)$$

5.4 雾滴沉积密度的检测

5.4.1 取样点分布

取样点分布同 5.3.1。

5.4.2 检测

采用纸卡法。在每一个取样点固定一片纸卡,在喷洒的药液中加入丽春红 G。喷药后收回纸卡,以 5 倍~10 倍手持放大镜观察,读取每一个纸卡上的雾滴数量。计算平均每平方厘米的雾滴数。

5.5 雾滴分布均匀性的检测

5.5.1 取样

在作业区内均匀布点;均匀间隔选取 10 行,每行均匀分成 10 段。

5.5.2 检测

5.5.2.1 常规量喷雾的检测

常规量喷雾一般采用比色法。在喷洒液中加入丽春红 G 进行沉积量测定。每次试验应待药液晾干后再进行植株采样:在每个取样段内的作物冠层顶部随机选取数片叶作为一个试样,试样需编号。每一个试样用定量的清水洗脱叶面上的丽春红 G,用分光光度计测定每份洗脱液的透光率。根据丽春红 G 标样的"浓度—透光率"标准曲线,可计算出洗脱液中丽春红 G 的沉积量。再根据丽春红 G 与所用农药的"沉积当量"关系计算出农药的沉积量,用叶面积仪测出每个试样的叶面面积,从而计算出单位面积上药剂的沉积量。

也可以用化学分析法或荧光分析法。化学分析法是用分析仪器测得洗脱液中药剂的含量,再根据样品的叶面面积计算出沉积量。荧光分析法是在喷洒液中加入荧光剂,测量出洗脱液中荧光剂的含量。

5.5.2.2 低量喷雾和超低量喷雾的检测

低量喷雾和超低量喷雾采用纸卡法。在每个取样段内作物冠层顶部固定一片背面编号的纸卡，采样面朝上，在喷洒的药液中加丽春红G。喷药后收回纸卡，以5倍～10倍手持放大镜观察，读取每片纸卡上的雾滴数。计算纸卡上的雾滴沉积密度。

5.5.3 变异系数的计算

5.5.3.1 采样平均沉积量（或平均雾滴沉积密度）

按式（2）计算。

$$\bar{q} = \frac{\sum q_i}{n} \quad \cdots\cdots\cdots (2)$$

式中：

$\bar{q}$——采样平均沉积量（或平均雾滴沉积密度），单位为微克每平方厘米或滴每平方厘米（$\mu g/cm^2$ 或滴/cm^2）；

q_i——各采样点的沉积量（或雾滴沉积密度），单位为微克每平方厘米或滴每平方厘米（$\mu g/cm^2$ 或滴/cm^2）；

n——采样点数。

5.5.3.2 标准差 S

按式（3）计算。

$$S = \sqrt{\frac{\sum (q_i - \bar{q})^2}{n-1}} = \sqrt{\frac{\sum q_i^2 - \frac{(\sum q_i)^2}{n}}{n-1}} \quad \cdots\cdots\cdots (3)$$

5.5.3.3 变异系数 V（%）

按式（4）计算。

$$V = \frac{S}{\bar{q}} \times 100 \quad \cdots\cdots\cdots (4)$$

5.6 作物机械损伤率

机具田间作业对作物机械损伤率的检测方法按JB/T 9782—1999中5.6的规定执行。

6 检验规则

6.1 抽样

作业为单块田时，沿田块长宽方向对边的中点连十字线，把田块划成4块，随机抽取对角的2块作为检测样本；作业为多块田时，则随机选取其中的2块作为检测样本。

6.2 作业质量考核项目表

被检测的项目不符合4.2质量要求的称为不合格。考核项目见表2。

表2 作业质量考核项目表

序号	考核项目
1	雾滴分布均匀性
2	药液覆盖率
3	雾滴沉积密度
4	作物机械损伤率

注：药液覆盖率为常规量喷雾检测项目，雾滴沉积密度为低量喷雾和超低量喷雾的检测项目。

6.3 判定规则

对确定的检测项目进行逐项考核。项目全部合格,则判定喷雾机(器)作业质量为合格;否则为不合格。

ICS 65.060.10
T 60

中华人民共和国农业行业标准

NY/T 1928.2—2013

轮式拖拉机 修理质量
第2部分：直联传动轮式拖拉机

Repairing quality for wheeled tractors—
Part 2：Direct connection drive wheeled tractors

2013-09-10 发布   2014-01-01 实施

中华人民共和国农业部 发布

NY/T 1928.2—2013

前　言

NY/T 1928《轮式拖拉机　修理质量》为系列标准：
——第1部分：皮带传动轮式拖拉机；
——第2部分：直联传动轮式拖拉机。

本标准为 NY/T 1928 的第2部分。

本标准按照 GB/T 1.1—2009 给出的规则起草。

本标准由农业部农业机械化管理司提出。

本标准由全国农业机械标准化技术委员会农业机械化分技术委员会(SAC/TC 201/SC 2)归口。

本标准起草单位：农业部农业机械试验鉴定总站、山东省农业机械科学研究所、中国一拖集团有限公司、福田雷沃国际重工股份有限公司、久保田农业机械(苏州)有限公司。

本标准主要起草人：温芳、杜建刚、王扬光、仪垂良、田金明、叶宗照、祖树强。

轮式拖拉机 修理质量 第2部分：直联传动轮式拖拉机

1 范围

本标准规定了直联传动轮式拖拉机主要零部件、总成及整机的修理技术要求、检验方法、验收与交付要求。

本标准适用于直联传动轮式拖拉机(以下简称拖拉机)主要零部件、总成及整机的修理质量评定。

2 规范性引用文件

下列文件对于本文件的应用是必不可少的。凡是注日期的引用文件，仅注日期的版本适用于本文件。凡是不注日期的引用文件，其最新版本(包括所有的修改单)适用于本文件。

GB/T 3871.3 农业拖拉机 试验规程 第3部分：动力输出轴功率试验

GB/T 3871.4 农业拖拉机 试验规程 第4部分：后置三点悬挂装置提升能力

GB/T 3871.6 农业拖拉机 试验规程 第6部分：农林车辆制动性能的确定

GB/T 3871.8 农业拖拉机 试验规程 第8部分：噪声测量

GB/T 3871.13 农业拖拉机 试验规程 第13部分：排气烟度测量

GB 6376 拖拉机 噪声限值

GB 10395.1 农林机械 安全 第1部分：总则

GB 10396 农林拖拉机和机械、草坪和园艺动力机械 安全标志和危险图形 总则

GB 16151.1—2008 农业机械运行安全技术条件 第1部分：拖拉机

GB 18447.1—2008 拖拉机 安全要求 第1部分：轮式拖拉机

GB 23821 机械安全 防止上下肢触及危险区的安全距离

NY/T 1630—2008 农业机械修理质量标准编写规则

NY/T 2197 农用柴油发动机 修理质量

3 术语和定义

下列术语和定义适用于本文件。

3.1

农业机械修理质量 repairing quality for agricultural machinery

农业机械修理后满足其修理技术要求的程度。

[NY/T 1630—2008，定义3.1]

3.2

标准值 normal value

产品设计图纸及图样规定应达到的技术指标数值。

[NY/T 1630—2008，定义3.2]

3.3

极限值 limiting value

零、部件应进行修理或更换的技术指标数值。

[NY/T 1630—2008，定义3.3]

3.4

修理验收值 repairing accept value

修理后应达到的技术指标数值。

[NY/T 1630—2008,定义 3.4]

4 修理技术要求

4.1 一般要求

4.1.1 拖拉机修理前,应经判明故障机理,检查技术状态,明确修理项目及方案,做好记录。

4.1.2 修理拆装时,对有特殊要求的零部件,如缸套、活塞等,应使用专用工具拆装;对主要零件的基准面或精加工面,应避免碰撞、敲击或损伤;对不能互换、有装配规定或有平衡块的零部件,应在拆卸时确认或做好记号,在装配时按原位装回。

4.1.3 总成解体后,应清除零件上的油污、积炭、结胶、水垢,并进行除锈、脱旧漆或防锈处理。对橡胶、胶木、塑料、铝合金、锌合金零件及制动器摩擦片、离合器摩擦片等,应避免使用强腐蚀性清洗剂清洗;对各类油管、水管、气管等,内部应清洁通畅;对预润滑轴承、含油粉末冶金轴承等,不准浸泡在煤油中清洗。

4.1.4 对箱体、壳体等基础件和主要零件拆卸后,应检查和记录其配合部位的几何尺寸、表面形状和相互位置,特别是基础件的装配基准面平面度、壳体孔轴心线的垂直度、壳体孔轴心线相互间的平行度、同轴度和距离等。

4.1.5 换件修理时,各零部件检验合格后方可安装。选用或自行配制的主要零件,应符合原厂技术条件要求。滚动轴承损坏后,应整体更换。对偶件或有技术要求的组件应成对或成组更换。

4.1.6 修复的零部件应检验合格后方可安装,其技术要求应不低于原厂规定。对高速旋转零部件,如飞轮、曲轴等,应进行静平衡或动平衡试验;对有密封性要求的零部件,如气缸盖、气缸体、散热器、贮气筒等,应进行密封性检查或水压、气压试验;对主要或涉及安全的零部件,如曲轴、连杆、凸轮轴、前轴、转向节、转向节臂、球销、转向蜗杆轴、驱动轴、半轴、半轴套管等,应做探伤检查。

4.1.7 液压元器件或液压系统修理时,应保证环境清洁,避免污染物进入。液压系统维修后,应进行试运转。

4.1.8 修理后,拖拉机各部位螺栓、螺母、垫圈、开口销、锁紧垫片和金属锁线等,应按原机装配齐全。开口销和金属锁线应按穿孔孔径正确选用。重要部位连接螺栓、螺母应无裂纹、损坏或变形。凡有规定拧紧力矩和拧紧顺序的螺栓及螺母,应按规定拧紧。

4.2 发动机要求

4.2.1 发动机气缸体、气缸盖、曲轴、凸轮轴、喷油泵、喷油器总成等主要零部件或总成的修理,应满足NY/T 2197 的规定。

4.2.2 发动机涡轮增压器有壳体过热变色和转子转动异常时,应进行修理。修理后,涡轮增压器转子轴轴向游动量、压叶轮与压壳的单边径向间隙应满足原厂技术要求。

4.2.3 发动机电子燃油喷射系统的修理应按原厂规定在修理实施前使用专用仪器进行检查和诊断。修理装配后,电子控制燃油喷射系统技术参数应符合原厂要求。

4.2.4 修理过程中发动机供油提前角、气门间隙、配气相位、喷油压力等应调整适当,符合相关标准或原厂要求。

4.2.5 修理后,发动机辅助起动、燃料供给、润滑、冷却和进排气系统的附件应齐全,安装正确、牢固。

4.2.6 修理后,发动机应按说明书规定加注润滑油、润滑脂、冷却液,并进行相应的冷磨、热试。

4.2.7 修理后,发动机应起动顺利,熄火彻底可靠。在-5℃~35℃环境温度和冷车时,连续起动 3 次,每次间隔不少于 2 min,每次不超过 15 s,至少要有 2 次能顺利起动。

4.2.8 修理后,发动机应运转平稳,不得有过热、异响、异常燃烧、爆震等现象;发动机标定转速、息速性能应符合原设计规定;运转和停机时,发动机各部位不应有漏水、漏油、漏气和漏电现象。

4.3 传动系要求

4.3.1 离合器

4.3.1.1 离合器压盘工作面磨损的环形沟痕超过 0.5 mm 或平面度超过 0.12 mm 时,需磨削平面或更换。磨削时,最大磨削量应不大于 1 mm。磨削后应进行静平衡试验,其不平衡量应不大于 200 g·mm。

4.3.1.2 更换离合器从动盘摩擦片时,应铆接牢固并紧密配合,不应有翘曲或裂纹。允许铆接不密合处不超过两处,两处不得在 90°范围内,且每处弧长不大于 15 mm,不密合处的缝隙不超过 0.15 mm。铆合后,外边缘对盘毂轴心线的端面跳动应不大于 0.5 mm。

4.3.1.3 离合器从动盘磨损厚度达到极限值时要修理或更换离合器从动盘总成,其修理技术参数应符合原厂规定。原厂无规定的,其修理技术参数应符合表 1 的规定。

表 1 离合器从动盘总成的修理技术参数要求

单位为毫米

总成厚度			铆钉沉入量			两摩擦面平面度公差
标准值	修理验收值	极限值	标准值	修理验收值	极限值	
A±0.25	A−1	A−2	1.0	0.5	0.2	0.3

4.3.1.4 离合器压紧弹簧出现断裂或压力不足时需修理或更换,其修理技术参数应符合原厂规定。采用螺旋弹簧压紧时装配应选配同组压紧弹簧,每只弹簧在相同工作高度下相互压力差不得超过 5%。离合器分离杠杆端面磨损超过 1 mm 时,应予修理或更换。更换分离杠杆时应成组更换,同组内分离杠杆相互质量差不得超过 3 g。

4.3.1.5 离合器总成装配时,应检查从动盘、主动盘和压盘等零件表面,不允许有油污。

4.3.1.6 离合器总成装配后,同组分离杠杆顶端应在平行于压盘工作平面的同一平面内,其相互差不大于 0.30 mm。分离杠杆端部与分离轴承间隙应符合原设计规定。

4.3.1.7 离合器踏板应防滑,离合器踏板自由行程应符合产品使用说明书要求。在行驶试验中,离合器应分离彻底、结合平稳,无打滑、抖动现象。

4.3.2 变速箱

4.3.2.1 变速箱壳体出现裂纹和损伤或壳体上各轴承孔与轴承产生松旷致使齿轮啮合中心距超过原设计极限偏差值 0.03 mm 时,需修理或更换。

4.3.2.2 变速箱齿轮齿面磨损严重或出现打齿、断齿、齿端损坏严重时,应修理或更换。

4.3.2.3 变速箱内传动轴花键与滑动齿轮径向定心面的间隙超过标准值 0.15 mm 时,应修理或更换。

4.3.2.4 修后变速箱滑动齿轮副在工作挡位时,沿齿长应全部良好啮合,其不啮合长度应不大于 1.5 mm;在空挡时,各齿轮副的端面间隙不小于 1.5 mm。

4.3.2.5 变速箱壳体上滚动轴承内外圈表面应光洁,无损伤和锈蚀。滚道和滚动体不应有烧损和剥落。保持架不得有变形和铆钉松动现象。用手转动轴承时应灵活轻快,不发涩,且不能有过大振动和噪声。

4.3.2.6 变速拨叉应无裂纹、缺口和明显变形。变速拨叉端面磨损量大于 0.40 mm 时,应修理或更换。

4.3.2.7 变速杆球状支承表面应光洁、圆滑,并能在座中灵活摆动,变速杆导板上的滑槽磨损超过 0.5 mm 后应更换导板。

4.3.2.8 对配套压力润滑系统的变速箱要保证油路通畅无阻塞,各密封环节无渗、漏油现象。

4.3.2.9 对动力换挡变速箱出现换挡困难时应依次做以下检查,直至解决问题。

a) 检查动力换挡变速箱电子控制单元,其对变速箱的转速、压力、流量、温度等参数的监控是否正常,其对液压电磁阀和对应换挡离合器是否能实现换挡控制,如工作异常应按原厂规定修理或更换;

b) 检查动力换挡变速箱中控制换挡离合器的液压系统的液压泵、电磁阀、滤油器等,如有堵塞或损坏,应按原厂规定修理或更换;

c) 检查动力换挡变速箱换挡湿式离合器以及主离合器内的摩擦片厚度,当变形量和磨损量超过原厂规定时应予修理或更换,且在装配前应将其放入变速器润滑油中浸泡至少 15 min。

4.3.2.10 修理后变速箱总成应进行磨合试运转。运转中不应有自动脱挡和乱挡现象,操纵换挡机构应轻便、灵活、可靠。运转和换挡时均不得有异常响声,变速杆不应有明显的抖动现象。变速箱所有的密封部位不应有渗、漏油现象。

4.3.3 后桥

4.3.3.1 后桥壳体、半轴应无裂纹或其他损伤。半轴花键应无扭曲。

4.3.3.2 中央传动螺旋锥齿轮出现断齿、齿面严重点蚀剥落时需及时更换,更换时需按原厂设计要求成对更换大、小螺旋锥齿轮,并按产品技术文件要求调整螺旋锥齿轮副的啮合印痕和齿侧间隙,同时调整小圆锥齿轮和差速器总成支撑锥轴承的预紧力矩达到规定值。

4.3.3.3 差速器壳体应无裂损,壳体、差速齿轮、差速齿轮垫片、半轴齿轮垫片的各接触面应光滑、无沟槽。

4.3.3.4 差速齿轮轴与轴孔的配合间隙超过 0.06 mm 时,应予修理或更换。

4.3.3.5 半轴齿轮和差速齿轮的齿侧间隙超过 0.3 mm 时,应予调整或修理。调整或修理后的齿侧间隙应符合原厂规定,且齿轮啮合印痕在齿高和齿宽方向上都应不小于 50%。

4.3.3.6 差速器总成装配时,各连接螺栓严格按产品技术文件规定力矩拧紧并用锁片可靠锁定。

4.3.3.7 安装差速锁的拖拉机,差速锁应回位正常,工作灵活、可靠。

4.4 制动系要求

4.4.1 蹄式制动器

4.4.1.1 制动鼓不应有裂纹和变形,摩擦面磨损或局部划痕可加工修复,其内径应不大于公称尺寸 2 mm,圆柱度应不大于 0.10 mm,对轴心线的径向跳动应不大于 0.15 mm。同一轴左右制动鼓内径相差应不大于 1 mm。

4.4.1.2 制动蹄不应有裂纹和变形,弧度应正确。制动蹄与制动摩擦片应铆接牢固、贴合紧密,铆钉周围不得有破损和裂纹现象。

4.4.1.3 制动蹄与制动凸轮的接触面磨损量大于 0.50 mm 时,应更换制动蹄或制动凸轮轴。

4.4.1.4 制动摩擦片磨损后与制动鼓的接触面积应在制动状态时不小于总面积的 80%,且保证两端首先接触制动鼓,否则应予更换或修理。

4.4.1.5 制动摩擦片出现烧损、裂纹或松动时,应予更换或修理。

4.4.1.6 更换制动摩擦片时,摩擦片的规格和铆钉沉入量的修理技术参数应符合原厂规定。具体修理技术参数要求参见表2。

表2 制动摩擦片铆钉沉入量修理技术参数要求

单位为毫米

摩擦片规格 (长×宽×厚)	铆钉沉入量		
	标准值	修理验收值	极限值
$A \times B \times H$	1.0	0.8~1.2	0.2

4.4.1.7 调整制动间隙时,应使左、右制动器的制动间隙一致;摩擦片与制动鼓在非制动状态时,其间隙应在 0.2 mm~0.3 mm;同一制动鼓内的两制动蹄摩擦片相对应的间隙差应不大于 0.10 mm。

4.4.1.8 制动蹄回位弹簧不得有裂纹或硬性损伤,其修理或更换技术参数要求应符合原设计规定。

4.4.1.9 装配后的制动器内部不允许有油污,制动鼓应能转动自如,无卡滞现象和明显的摩擦声响。

4.4.2 盘式制动器

4.4.2.1 检查制动器的摩擦片,应无烧焦或翘曲变形,表面粉末冶金层应无脱落。观察摩擦片磨损记号或测量摩擦片的厚度,变形量和磨损超过原厂规定应更换。

4.4.2.2 检查中间压盘有无磨损或翘曲变形,磨损及变形量超过原厂规定应更换。

4.4.2.3 检查制动器的活塞,其表面应无损伤或拉毛;否则,应修复或更换。

4.4.3 制动踏板应防滑,制动拉杆在修理时不得拼焊。制动系统的各操纵部件应灵活有效。制动时,踏板力应不大于 600 N。

4.4.4 制动踏板自由行程应符合产品说明书要求。制动踏板在产生最大制动作用后,应留有不少于 1/5 总行程量的储备行程。制动应平稳、灵敏、可靠。松开制动踏板时,制动器应分离彻底、复位有效。

4.5 行走转向系要求

4.5.1 机械式转向器蜗轮、蜗杆磨损间隙增大,转向反应迟钝时,应调整或更换。维修后方向盘应转动灵活,操纵方便,无卡滞现象;其最大自由转动量应不大于 30°,转向时的操纵力应不大于 250 N。

4.5.2 液压转向系统出现转向反应迟钝或失灵时,应修理或更换。维修时,应按照原厂规定清洗滤网,保持液压油清洁,液压管路连接可靠,无渗油、漏油。维修后转动方向盘,导向轮应有良好的随动性。当油泵不工作时,用手快速转动方向盘也能控制导向轮改变运行方向。

4.5.3 转向摇臂、转向纵、横拉杆、转向节臂、球头销等不得有裂纹。修理时,驱动轴、转向节臂、转向纵、横拉杆不得拼焊。

4.5.4 转向摇臂的花键应无扭曲。转向摇臂装入摇臂轴后,要可靠锁止。

4.5.5 转向摇臂、转向节臂及纵、横拉杆和拉杆接头连接可靠不变形,球头间隙适当,不应有松旷或卡滞现象。

4.5.6 前桥各零部件不应有影响安全的变形和裂纹,焊接部位不应有脱焊现象,螺栓连接部位可靠紧固。前轮定位应准确,各参数应符合原设计规定。无原设计参数时,前轮的前束可调至 6 mm~12 mm,调整到位后,纵、横拉杆锁紧螺母可靠锁紧。

4.5.7 前轮支承锥轴承按产品技术文件规定进行预紧,不得有松旷现象,具体可先将紧固螺母紧到底再回退 1/6~1/10 圈。

4.5.8 装有弹性悬架前桥的拖拉机,弹性悬架系统各部件应工作正常;否则,应按原厂规定修理或更换。

4.5.9 轮毂、轮辋、辐板、锁圈不应有裂纹、脱焊及影响安全的变形。

4.5.10 拖拉机轮胎达不到下列要求时,需更换新轮胎:
   a) 转向轮轮胎胎纹深度不应小于 3.2 mm,驱动轮轮胎胎纹深度不应小于 1.6 mm(使用水田轮胎时除外);
   b) 轮胎胎面不应因局部磨损而暴露出轮胎帘布层;
   c) 轮胎的胎面和胎侧上不得有长度超过 25 mm 或深度足以暴露出轮胎帘布层的破裂和割伤。

4.5.11 更换新轮胎时,驱动轮胎胎纹方向不应装反(沙漠中除外),同一轴上的左右轮胎型号和胎纹应相同,磨损程度应大至相同。

4.5.12 维修后拖拉机以 20 km/h 的速度在平坦路面上直线行驶时,目测前后轮应无明显偏摆和晃动。

4.6 液压悬挂系统要求

4.6.1 液压系统操纵手柄应定位准确,轻便灵活,操纵手柄操纵力应不大于70 N。

4.6.2 液压提升油缸与活塞的间隙由于磨损而增大达不到密封要求时,应修理或更换。间隙的标准值为0.03 mm～0.10 mm,修理验收值为0.12 mm,极限值为0.15 mm。

4.6.3 油缸内的橡胶密封圈磨损或划伤后达不到密封要求时,应更换。

4.6.4 液压提升器操纵阀阀体与阀座之间的间隙由于磨损而增大达不到密封要求时,应修理或更换。

4.6.5 液压泵的泵体和转子磨损后会产生内漏造成提升无力甚至不能提升现象,应修理或更换。液压泵修理后应无渗漏油现象,其容积效率应不小于85%。

4.6.6 配带力位调节机构的液压提升器其传感元件磨损和老化后造成传感效果下降,当整个机构随动响应功能降低或失效时,应修理或更换。

4.6.7 液压悬挂系统各杆件不应有裂纹、损坏和影响安全的变形;限位杆链及各插锁、锁销应齐全完好。

4.6.8 液压功率输出接头应按原厂规定配对使用,如存在渗、漏油或损坏应及时修理或更换。

4.6.9 电控式液压悬挂系统,浮动、位控、力控和综合4个控制功能应准确可靠,各部件应工作正常,如工作异常应按原厂规定修理或更换。

4.6.10 维修后,应对液压系统排气。液压悬挂机构升降应平稳、无抖动,工作可靠。液压系统在规定的安全阀开启压力下,各部接头、接缝处不应漏油、渗油。

4.7 车架、车身、驾驶室

4.7.1 车架、发动机支架等不应有裂纹、变形和严重锈蚀,焊合部位不应有脱焊现象。

4.7.2 车架总成左、右纵梁上平面应在同一平面内,其平面度公差为被测平面长度的1.5%。

4.7.3 发动机罩应无裂损变形,盖合严密,附件齐全有效、灵活可靠,支撑牢固。

4.7.4 驾驶室应平整完好,无变形、裂损、锈蚀等缺陷。行驶中应无异响,减振有效。

4.7.5 驾驶室及挡泥板应左右对称。各对称部位离地面高度差:挡泥板不大于20 mm,其他不大于10 mm。

4.7.6 后视镜成像清晰,调节灵活,支架无裂损及锈蚀,安装牢固;刮水器工作可靠,有效刮水面达到原设计要求。

4.7.7 内、外装饰件外观应平顺贴合,紧固件整齐牢固;电镀、铝质装饰件应光亮,无锈斑、脱层、划痕。

4.7.8 可开启式门窗应开闭轻便,关闭严密,锁止可靠,合缝均匀,不松旷;门把、玻璃升降器齐全完好、灵活有效。

4.7.9 门窗玻璃应符合GB 16151.1—2008中12.6的规定。

4.7.10 门窗及防尘、防雨密封设施应齐全、完好。

4.8 电器系统要求

4.8.1 蓄电池壳体应无裂纹或渗漏,极板与电桩、电桩与联接板应焊接牢固,螺塞及螺孔的螺纹应完好,通气孔畅通,各部密封良好。

4.8.2 交流发电机与调节器应配套使用,负极搭铁与蓄电池并联且连线极性应一致。

4.8.3 交流发电机修理后,应进行负载运转试验,其工作性能应达到原厂规定值。

4.8.4 起动电机应连接牢固,导线应接触良好(电线接头消除积污后,可涂以少许黄油防锈),起动电机齿轮端面与发动机飞轮齿圈端面的距离应保持在2.5 mm～5 mm。

4.8.5 起动电机应能正常传递扭矩,起动电机齿轮与发动机飞轮齿圈的啮合与分离应正常、有效、可靠。

4.8.6 喇叭音响应清脆宏亮,且有连续发声功能。

4.8.7 各电器元件应完好,电器线路连接应正确有序,接头牢固,绝缘良好。导线应捆扎成束、布置整齐、固定卡紧,穿越孔洞时应设绝缘套管。拖拉机电器线路的布置应避免摩擦和接触发热部件。

4.8.8 各仪表及相应的传感器应安装牢固、指示准确、工作可靠。

4.8.9 照明、信号装置应安装牢靠,完好有效,不应因机体振动而松脱、损坏、失去作用或改变光照方向。

4.9 拖拉机整机

4.9.1 修理后的拖拉机应进行空载试运转,各机构应工作正常、无异响,温升正常。拖拉机轮胎气压应符合原厂规定。修后各机构应无妨碍操作或影响安全的改装。

4.9.2 拖拉机外观应整洁,各零部件、仪表、铅封及附件齐备完好;各紧固件应连接牢固,无松动;各联接结合面和联接接头等应密封或绝缘良好,无漏油、漏水、漏气和漏电等现象。

4.9.3 各调节装置应调整方便、调节范围达到规定要求。各操纵机构应轻便灵活、工作可靠。离合器、制动器和油门的踏板在操纵力去除后应能自动复位。

4.9.4 照明、信号装置及其他电气设备应符合 GB 16151.1—2008 中第 10 章的规定。

4.9.5 拖拉机动力输出轴标定功率和最大转矩的修理验收值应不低于标准值的 95%,动力输出轴变负荷平均燃料消耗率的修理验收值不高于标准值的 105%。

4.9.6 拖拉机最大不透光排气烟度值应符合 GB 18447.1—2008 中 4.1.7 的规定。

4.9.7 拖拉机制动性能应符合 GB 18447.1—2008 中 4.3 的规定。

4.9.8 拖拉机噪声应符合 GB 6376 的规定。

4.9.9 拖拉机液压悬挂提升能力及液压输出功率的修理验收值应不低于标准值的 90%,30 min 静沉降值不大于加载点行程的 5%。

4.9.10 凡可能引起人身安全伤害的运动件或高温部位,其防护板、罩、套等防护装置或安全警告标志不应拆卸和改换位置。防护装置应符合 GB 10395.1 和 GB 23821 的规定。更换带有安全标志的零部件时,应同时更换新的标志。标志的型式和颜色等应符合 GB 10396 的规定。

5 检验方法

5.1 拖拉机的动力输出性能检验按 GB/T 3871.3 的规定执行。

5.2 拖拉机的液压提升性能检验按 GB/T 3871.4 的规定执行。

5.3 拖拉机的行车制动检验按 GB/T 3871.6 的规定执行。

5.4 拖拉机的噪声检验按 GB/T 3871.8 的规定执行。

5.5 拖拉机的排气烟度检验按 GB/T 3871.13 的规定执行。

5.6 其他性能指标的检验按常规的检验方法进行。

6 验收与交付

6.1 整机或零部件修理后,其性能和技术参数达到本标准的规定为修理合格。

6.2 整机或部件修理后,应经维修检验技术人员检验或确认合格后,签发合格证明。

6.3 送修单位(或个人)有权查看维修工艺过程卡,对维修项目可以进行抽检或全检。对认为不符合本标准要求的维修项目,可要求重新检验或返工处理。

6.4 修理合格的拖拉机在办理交接手续时,承修单位应随机交付修理合格证明、保修单和维修记录单等资料。资料中一般应包含修理拖拉机的型号、名称、修理内容、数量、价格和修理时间等信息,并有送修和承修人签字等。

6.5 对交付后的拖拉机,应按《农业机械维修合同》保修期执行保修。

ICS 65.060.10
T 60

中华人民共和国农业行业标准

NY/T 2453—2013

拖拉机可靠性评价方法

Evaluation methods of realiability for tractors

2013-09-10 发布

2014-01-01 实施

中华人民共和国农业部 发布

NY/T 2453—2013

前　言

本标准按照 GB/T 1.1—2009 给出的规则起草。

本标准由农业部农业机械化管理司提出。

本标准由全国农业机械标准化技术委员会农业机械化分技术委员会(SAC/TC 201/SC 2)归口。

本标准起草单位:农业部农业机械试验鉴定总站、常州联发凯迪机械有限公司、江苏常发农业装备股份有限公司、江苏省农业机械试验鉴定站、黑龙江省农业机械试验鉴定站、中国一拖集团有限公司、福田雷沃国际重工股份有限公司。

本标准主要起草人:耿占斌、孔华祥、廖汉平、郭雪峰、张红元、彭鹏、张素洁、孙士元。

拖拉机可靠性评价方法

1 范围

本标准规定了拖拉机产品可靠性评价的指标体系和评价方法。

本标准适用于拖拉机的可靠性考核评价。

2 规范性引用文件

下列文件对于本文件的应用是必不可少的。凡是注日期的引用文件,仅注日期的版本适用于本文件。凡是不注日期的引用文件,其最新版本(包括所有的修改单)适用于本文件。

GB/T 21958 轮式拖拉机 前驱动桥

GB/T 24648.1 拖拉机可靠性考核

JB/T 9838 拖拉机传动系 快速耐久试验方法

3 术语和定义

GB/T 24648.1界定的以及下列术语和定义适用于本文件。

3.1

当量故障单位 equivalent failure unit

当量故障单位相当于1个轻度故障。

3.2

当量故障数 equivalent failure number

在规定使用或试验时间内发生的各类故障,按照一定规则换算成与致命故障、严重故障、一般故障、轻度故障之一的危害度相当的故障数。将各故障折算而成的致命故障数量,称为当量致命故障数;将各故障折算而成的严重故障数量,称为当量严重故障数。

4 评价指标体系

4.1 拖拉机可靠性评价指标与使用范围

本标准设拖拉机可靠性评价指标4个,采用5种考核方法,二者对应关系见表1。

表1 可靠性评价指标及使用

序号	可靠性指标		代 号	使用试验[a]	跟踪试验[b]	用户调查[c]	台架试验[d]	颠簸试验[e]
1	无故障性指标	平均当量严重故障间隔时间	$MTBF_{2D}$	√	√		√	
2		平均停机当量严重故障间隔时间	$DTMTBF_{2D}$			√		
3		无故障性综合评分值	Q	√	√		√	
4		当量致命故障数	r_{1D}					√
注:最大功率型号拖拉机底盘可涵盖同一底盘的其他型号拖拉机(底盘的机架型式、转向器、制动器、离合器、变速箱和前后桥等相同)。								
[a] 一般用于新产品的型式试验。								
[b] 一般用于小批试制投产鉴定前的可靠性考核。								
[c] 一般用于市场已有一定的保有量和使用在一年或一个作业季节以上的拖拉机可靠性评价。								
[d] 通常用于改进机型、前驱动变型的涵盖机型的可靠性补充试验。								
[e] 通常用于四驱涵盖两驱机型的可靠性补充试验。								

4.2 平均当量严重故障间隔时间

4.2.1 总当量故障单位按式(1)计算。

$$r_D = K_1 \times r_1 + K_2 \times r_2 + K_3 \times r_3 + K_4 \times r_4 \quad\cdots\cdots\cdots\cdots (1)$$

式中：

r_D ——总当量故障单位；

K_1、K_2、K_3、K_4——分别为Ⅰ、Ⅱ、Ⅲ、Ⅳ类故障危害度系数，拖拉机故障分为4类，即致命故障（Ⅰ类）、严重故障（Ⅱ类）、一般故障（Ⅲ类）和轻度故障（Ⅳ类），本标准设 $K_1 = 150$、$K_2 = 30$，$K_3 = 8$，$K_4 = 1$；

r_1、r_2、r_3、r_4 ——分别为Ⅰ、Ⅱ、Ⅲ、Ⅳ类故障的数量。

4.2.2 当量严重故障数按式(2)计算。

$$r_{2D} = r_D / K_2 \quad\cdots\cdots\cdots\cdots (2)$$

式中：

r_{2D}——当量严重故障数。

4.2.3 平均当量严重故障间隔时间按式(3)计算。

$$MTBF_{2D} = n \times T_0 / r_{2D} \quad\cdots\cdots\cdots\cdots (3)$$

式中：

$MTBF_{2D}$——平均当量严重故障间隔时间，单位为小时(h)；

n ——拖拉机可靠性考核的台数，发动机标定功率>18 kW时，取 $n=2$，其余取3，单位为台；

T_0 ——被试验拖拉机的定时截尾试验时间，发动机标定功率>18 kW时，取 $T_0 = 750$，单位为小时(h)。

4.3 平均停机当量严重故障间隔时间

4.3.1 平均停机当量严重故障间隔时间按式(4)计算。

$$DTMTBF_{2D} = \frac{1}{r_{2Dt}} \left(\sum_{i=1}^{p} T_{dci} + n_0 \times \frac{1}{n} \sum_{j=1}^{n-p} T_{dcj} \right) \quad\cdots\cdots (4)$$

式中：

$DTMTBF_{2D}$——平均停机当量严重故障间隔时间，单位为小时(h)；

r_{2Dt} ——被调查拖拉机在使用期内出现停机维修的严重故障和致命故障折算成的停机当量严重故障的总数；

n ——用户调查拖拉机台数；

n_0 ——发动机标定功率>18 kW时，$n_0 = 2$，其余 $n_0 = 3$；

p ——由于出现严重和致命故障而停机维修的拖拉机台数，$p = 1 \sim (n-1)$；

T_{dci} ——第 i 台被调查的出现严重和致命故障的拖拉机的累计工作时间，单位为小时(h)；

T_{dcj} ——第 j 台被调查的未出现严重和致命故障的拖拉机的累计工作时间，单位为小时(h)。

若被调查拖拉机均未出现严重故障或致命故障($r_{2Dt} = 0$)，以 $DTMTBF_{2D} > \frac{n_0}{n} \sum_{j=1}^{n} T_{dcj}$ 表示。

4.3.2 停机当量严重故障总数按式(5)计算。

$$r_{2Dt} = \frac{K_1}{K_2} \times r_1 + r_2 \quad\cdots\cdots\cdots\cdots (5)$$

4.4 无故障性综合评分值

4.4.1 无故障性综合评分值按式(6)计算。

$$Q = 100 - \frac{T_g}{n \times T_0} \times \sum_{i=1}^{r_c} (K_i \times E_i) \quad\cdots\cdots\cdots\cdots (6)$$

NY/T 2453—2013

式中：

Q ——被试拖拉机的无故障性综合评分值，单位为分；

T_g ——国外或国内先进拖拉机产品的 MTBF 目标值（国内取 300 h），单位为小时(h)；

n ——规定的试验拖拉机台数；

T_0 ——规定的截止试验时间，单位为小时(h)；

r_c ——在规定的截止试验时间内，被试拖拉机出现的故障总数；

K_i ——第 i 个故障的危害度系数，为 K_1、K_2、K_3 或 K_4 之一；

E_i ——第 i 个故障的故障发生时间系数。

当计算结果 $Q<0$ 时，规定 $Q=0$。

4.4.2 第 i 个故障的故障发生时间系数按式(7)计算。

$$E_i = \sqrt{2T_0/(T_0+T_i)} \quad\cdots\cdots\cdots\cdots\cdots (7)$$

式中：

T_0 ——规定的截止试验时间，单位为小时(h)；

T_i ——被试拖拉机出现第 i 个故障时，该拖拉机的累计故障时间，单位为小时(h)。

4.5 当量致命故障数

当量致命故障数按式(8)计算。

$$r_{1D} = r_D/K_1 \quad\cdots\cdots\cdots\cdots\cdots (8)$$

式中：

r_{1D} ——当量致命故障数。

5 评价方法

5.1 使用试验

5.1.1 使用试验方法

按 GB/T 24648.1 规定的可靠性考核方法进行。

5.1.2 可靠性评价方法

5.1.2.1 可靠性考核（使用试验）采用平均当量严重故障间隔时间和无故障性综合评分值指标进行评价。

5.1.2.2 评价指标值：平均当量严重故障间隔时间 $MTBF_{2D} \geq 300$ h，无故障性综合评分值 $Q \geq 70$ 分；当 $MTBF_{2D}$ 值 $>1\,500$ h 时，$MTBF_{2D}$ 表述为 $MTBF_{2D}>1\,500$ h。

5.1.2.3 当 $MTBF_{2D} \geq 300$ h 和 $Q \geq 70$ 分同时成立时，拖拉机可靠性考核（使用试验）判定为合格；否则判定为不合格。

5.1.2.4 可靠性考核结果标注方式参见附录 A。

5.2 跟踪试验

5.2.1 跟踪试验方法

5.2.1.1 样机与用户要求

a) 当发动机标定功率 $P>18$ kW 时，跟踪试验样机选 2 台，其余为 3 台。跟踪试验样机出厂时，应为合格品。

b) 在拖拉机适用的区域内确定跟踪试验用户，用户档案由生产企业提供；用户应具有完成作业日记的能力，有网上交流能力和条件者优先选用。企业应对用户进行拖拉机的使用和保养培训；考核单位应对用户进行试验内容、要求及记录方法等方面的培训。

5.2.1.2 跟踪试验方式

59

跟踪试验采用跟踪生产查定、用户定期信息反馈、定期远程查询等方式。

a) 跟踪生产查定。在整个考核期内,进行至少 2 次生产查定,每次 2 个~4 个班次,每个班次 6 h 以上。跟踪查定与记录由具有资质的检验人员完成。拖拉机可靠性考核(跟踪试验)生产查定记录表参见表 B.1。

b) 用户定期信息反馈。考核期内,用户在每个作业日(或班次)如实记录拖拉机试验情况,定期向考核人反馈试验信息。拖拉机可靠性考核(跟踪试验)班次记录表参见表 B.2。

c) 定期远程查询。考核人可采用电话、网络视频等方式,按计划与被跟踪试验用户进行交流,了解拖拉机可靠性考核进度、故障发生情况等。

5.2.1.3 跟踪试验结果处理

a) 跟踪试验数据汇总。拖拉机可靠性考核(跟踪试验)结束,将表 A.2 记录的数据汇入拖拉机可靠性考核(跟踪试验)故障汇总表中,参见表 B.3。

b) 平均当量严重故障间隔时间 MTBF_{2D} 计算。按表 B.3 中汇总的数据,统计出 r_1、r_2、r_3、r_4,按式 (1) 计算 r_D,按式(2)计算 r_{2D},按式(3)计算 MTBF_{2D}。

c) 无故障性综合评分值 Q 计算。根据表 B.3 中汇总的数据和式(7),计算时间系数 E_i,并填入表 B.3;再按式(6)计算无故障性综合评分值 Q。

5.2.2 可靠性评价方法

5.2.2.1 可靠性考核(跟踪试验)采用平均当量严重故障间隔时间和无故障性综合评分值指标进行评价。

5.2.2.2 评价指标值:平均当量严重故障间隔时间 $\text{MTBF}_{2D} \geqslant 300$ h,无故障性综合评分值 $Q \geqslant 70$ 分;当 MTBF_{2D} 值大于 1 500 h 时,MTBF_{2D} 表述为 $\text{MTBF}_{2D} > 1\,500$ h。

5.2.2.3 当 $\text{MTBF}_{2D} \geqslant 300$ h 和 $Q \geqslant 70$ 分同时成立时,拖拉机可靠性考核(跟踪试验)判定为合格;否则判定为不合格。

5.2.2.4 可靠性考核结果标注方式参见附录 A。

5.3 用户调查

5.3.1 用户调查方法

5.3.1.1 确定调查用户

所调查用户的购机年限为 1 年~2 年或者调查样机的使用时间在 300 h~1 500 h。发动机标定功率 $P < 50$ kW 时,调查 10 个用户,其余调查 5 个用户。企业提供用户档案,调查人在用户档案中抽取调查用户;抽样的原则是随机性与区域性相结合。

5.3.1.2 用户调查人员与方式

调查人员应是具有资质的检验人员。调查以实地调查为主,结合发函调查、网络视频调查、电话调查等方法进行,调查时应充分体现客观公正。拖拉机可靠性考核(用户调查)调查表参见表 C.1。

5.3.1.3 用户调查数据处理

5.3.1.3.1 拖拉机可靠性考核结束,将用户调查表所调查的数据汇入拖拉机可靠性考核(用户调查)故障汇总表中,参见表 C.2,拖拉机整机 I、II 类故障分类参见表 C.3。

5.3.1.3.2 平均停机当量严重故障间隔时间 DTMTBF_{2D} 计算。

根据表 C.2 中汇总的数据和第 4 章中的相关公式,计算 r_1、r_2、r_{2D}、$\sum_{i=1}^{n} T_{dci}$、$\sum_{j=1}^{n} T_{dcj}$ 等数据,填入表 C.2 中相应位置,再按式(4)计算 DTMTBF_{2D}。

5.3.2 可靠性评价方法

5.3.2.1 可靠性考核(用户调查)采用平均停机当量严重故障间隔时间指标进行评价。

5.3.2.2 评价指标值:平均停机当量严重故障间隔时间 $\text{DTMTBF}_{2D} \geqslant 282$ h(发动机标定功率 $P \leqslant 18$

kW)或≥425 h(发动机标定功率 $P>18$ kW);当 DTMTBF$_{2D}$值大于 1 500 h 时,DTMTBF$_{2D}$表述为 DTMTBF$_{2D}>1$ 500 h。

5.3.2.3　当 DTMTBF$_{2D}\geqslant282$ h($P\leqslant18$ kW)或 DTMTBF$_{2D}\geqslant425$ h($P>18$ kW)时,拖拉机可靠性考核(用户调查)判定为合格;否则判定为不合格。

5.3.2.4　在首次用户调查中,如果发现 1 个致命故障,应核查致命故障发生的原因;当非拖拉机本身质量引起的故障,则采用加倍抽查的方法;在加倍抽查的用户中,再发现致命故障,则拖拉机可靠性考核(用户调查)判定为不合格。

5.3.2.5　可靠性考核结果标注方式参见附录 A。

5.4　台架试验

5.4.1　台架试验方法

5.4.1.1　传动系统

a)　可靠性考核方法:按 JB/T 9838 规定的可靠性考核方法进行。

b)　可靠性评价方法:可靠性考核(传动系台架试验)采用平均当量严重故障间隔时间和无故障性综合评分值指标进行评价。评价指标值:平均当量严重故障间隔时间 MTBF$_{2D}\geqslant300$ h,无故障性综合评分值 $Q\geqslant70$ 分。当 MTBF$_{2D}\geqslant300$ h 和 $Q\geqslant70$ 分同时成立时,拖拉机驱动涵盖机型可靠性考核(传动系台架试验)判定为合格;否则为不合格。

c)　可靠性考核结果标注方式参见附录 A。

5.4.1.2　前驱动桥

a)　可靠性考核方法:按 GB/T 21958 规定的可靠性考核方法进行。

b)　可靠性评价方法:可靠性考核(前驱动桥台架试验)采用平均故障间隔时间和无故障性综合评分值指标进行评价。评价指标值:平均故障间隔时间 MTBF$\geqslant400$ h,无故障性综合评分值 $Q\geqslant$ 75 分。当 MTBF$\geqslant400$ h 和 $Q\geqslant75$ 分同时成立时,拖拉机驱动涵盖机型可靠性考核(前驱动桥台架试验)判定为合格;否则为不合格。

c)　可靠性考核结果标注方式参见附录 A。

5.4.2　颠簸试验

5.4.2.1　可靠性考核方法

抽取 1 台装有被试前轴的拖拉机进行 70 000 次颠簸试验。

5.4.2.2　可靠性评价方法

a)　可靠性考核(前轴颠簸试验)采用当量致命故障数指标进行评价;

b)　评价指标值:当量致命故障数 $r_{1D}<1$;

c)　当量致命故障数 $r_{1D}<1$ 时,拖拉机四驱涵盖两驱机型(前轴颠簸试验)可靠性考核判定为合格;否则为不合格。

d)　可靠性考核结果标注方式参见附录 A。

附　录　A
（资料性附录）
拖拉机可靠性考核结果标注方式

拖拉机可靠性考核结果标注方式见表 A.1。

表 A.1　拖拉机可靠性考核结果标注方式

可靠性考核类型		标注方式示例
使用试验		$MTBF_{2D}=300\ h(2\times750\ h\ 使用试验)$ $Q=70\ 分(2\times750\ h\ 使用试验)$
跟踪试验		$MTBF_{2D}=300\ h(2\times750\ h\ 跟踪试验)$ $Q=70\ 分(2\times750\ h\ 跟踪试验)$
用户调查		$DTMTBF_{2D}=425\ h(10\ 个用户调查)$
台架试验	传动系统	$MTBF_{2D}=300\ h(台架试验)$ $Q=70\ 分(台架试验)$
	前驱动桥	$MTBF=400\ h(1\times900\ h\ 台架试验)$ $Q=75\ 分(1\times900\ h\ 台架试验)$
颠簸试验		$r_{1D}=0.6(1\times70\ 000\ 次颠簸试验)$

附 录 B

（资料性附录）

拖拉机可靠性考核（跟踪试验）记录表

B.1 拖拉机可靠性考核（跟踪试验）生产查定记录表见表 B.1。

表 B.1 拖拉机可靠性考核（跟踪试验）生产查定记录表

跟踪试验查定地点：_____

机样编号			
农具名称			
作业项目			
查定时间			
作业档次			
植被（或路面）			
土壤类型			
工作时间，h			
平均生产率，hm^2/h（km/h）			
工作量，hm^2（km）			
平均小时耗油量，kg/h			
平均单位燃油率，kg/hm^2[kg/（t·km）]			
田间作业负荷系数，%			
备注	标定工况小时耗油量：	kg/h。	

检测： 记录： 校核：

B.2 拖拉机可靠性考核（跟踪试验）班次记录表见表 B.2。

表 B.2 拖拉机可靠性考核（跟踪试验）班次记录表

企业名称： 样机编号：
产品型号： 审核： 第 页 共 页

日 期	作业项目	作业时间，h	累计工作时间，h	耗油，kg	保养和故障情况	记录人
备注	1. 日期：拖拉机作业的当天时间，每天记录一次； 2. 纯作业时间：指带农具正常作业的时间，移机时间除外，单位为 h； 3. 累计工作时间：指作业时间累加值，单位为 h； 4. 耗油：指拖拉机所消耗的柴油量，单位为 kg，每加一次柴油记录一次； 5. 保养和故障情况：记录拖拉机的日常保养和拖拉机发生故障情况。日常保养记录对拖拉机发生的故障情况能起到进行辅助判断作用。当拖拉机发生故障，要对故障现象进行必要的描述，记录处理的方法和维修的时间； 6. 故障：拖拉机可靠性跟踪试验中所记录的故障包括致命故障、严重故障、一般故障和轻度故障。						

B.3 拖拉机可靠性考核(跟踪试验)故障汇总表见表 B.3。

表 B.3 拖拉机可靠性考核(跟踪试验)故障汇总表

跟踪用户 _____ 用户地点 _____

跟踪起止日期：_____

机样编号	序号	故障名称	作业时间,h	故障原因与处理方法	故障类别	危害度系数 K_i	时间系数 E_i	故障数 r	当量严重故障 r_{2D}
								$r_1=$	
								$r_2=$	$r_{2D}=$
								$r_3=$	
								$r_4=$	
	跟踪截止时间 T_0				h				
								$r_1=$	
								$r_2=$	$r_{2D}=$
								$r_3=$	
								$r_4=$	
	跟踪截止时间 T_0				h				
备注	1. 田间作业负荷系数 ＝　　%； 2. $r_{2D}=(150 \times r_1 + 30 \times r_2 + 8 \times r_3 + 1 \times r_4)/K_2$。								

汇总：　　　　　　　校核：

附 录 C
（资料性附录）
拖拉机可靠性考核（用户调查）记录表

C.1 拖拉机可靠性考核（用户调查）调查表见表 C.1。

表 C.1 拖拉机可靠性考核（用户调查）调查表

调查单位：　　　　　　　　　　　　　　　　　　　调查人：

用户	姓名		年龄		文化程度	
	地址			电话		
	电子邮箱			QQ		
	所受培训			从事机务工作时间		年

拖拉机	项目	主机		配套动力	
	名称、商标、型号				
	生产企业				
	出厂编号				
	出厂日期				
	购买日期		调查日期		

使用情况	总工作时间		小时	总作业量		亩	主要作业内容	
						吨		
	其他							

故障情况	日期	累计时间,h	故障描述	故障类别	原因	处理

安全事故情况	

总体评价与改进建议		用户签字	

备注	记录的故障类别：致命故障（Ⅰ类）、严重故障（Ⅱ类），其他故障不做记录。

C.2 拖拉机可靠性考核(用户调查)故障汇总表见表C.2。

表C.2 拖拉机可靠性考核(用户调查)故障汇总表

拖拉机型号(涵盖型号) _____

生产企业 _____

机样编号	序号	故障名称	故障前工作时间,h	故障原因	故障类别	总工作时间,h	汇总
1							
2							
3							$r_1=$
4							$r_2=$
5							$r_{2D}=$
6							$n=$
7							$\sum\limits_{i=1}^{n}T_{dci}=$
8							$\sum\limits_{j=1}^{n}T_{dcj}=$
9							
10							
备注	$r_{2D}=K_1/K_2\times r_1$						

调查: 汇总: 校核:

C.3 拖拉机整机Ⅰ、Ⅱ类故障分类表见表C.3。

表C.3 拖拉机整机Ⅰ、Ⅱ类故障分类表

分类	序号	名 称	故障模式	情况说明	故障类别
通用部分	1	机体、机架、行走装置	断裂、脱开		Ⅰ
	2	机体内部零件	损坏或失效		Ⅱ
	3	机体外部重要零、部件	损坏或失效		Ⅱ
	4	机体外部重要紧固件	多个损坏	紧固件强度为8.8级以上,致连接失效	Ⅱ
	5	零件结合面	严重三漏	拆检换件才能排除	Ⅱ
整机性能	1	操纵性能	失去转向或制动系的操纵	危及人身安全	Ⅰ
	2	起动性能	不能起动		Ⅱ
	3	动力性能	标定功率比试验前测值降低超过10%	试验后测值	Ⅱ
	4	经济性能	燃油消耗率比相应质量规定高10%以上	试验后测值	Ⅱ
	5	制动性能	失去制动能力	未危及人身安全	Ⅱ
	6	液压悬挂性能	不能提升		Ⅱ
	7	液压悬挂性能	静沉降值为提升行程	沉到底	Ⅱ

表 C.3（续）

分类	序号	名　　　　称	故障模式	情况说明	故障类别
发动机	1	发动机	捣缸、冲缸、飞轮炸裂	致多个零件损坏	Ⅰ
	2	发动机	抱缸、抱轴、拉缸		Ⅱ
	3	发动机	转速失控		Ⅱ
	4	发动机	严重窜机油		Ⅱ
	5	喷油泵、喷油器、水泵、增压器、滤清器、散热器、风扇、发电机、起动机等重要部件	损坏		Ⅱ
	6	缸体、缸盖、油底壳、齿轮室、飞轮壳等外部重要零件	损坏		Ⅱ
传动系	1	变速箱、后桥	总成报废	多个重要零件损坏	Ⅰ
	2	离合器	分离不开或严重打滑		Ⅱ
	3	变速箱	脱挡或乱挡	多次发生	Ⅱ
	4	离合器、变速箱体、半轴壳体、最终传动箱体及变速杆等外部重要零件	裂纹或损坏		Ⅱ
行走转向系	1	车轮、履带、轮轴、机架、悬架、托架、转向系和制动系的传力零件、手扶拖拉机扶手架等外部零部件	损坏或裂纹		Ⅱ
	2	挂车制动操纵、停车制动操纵	失效		Ⅱ
	3	导向轮、驱动轮	严重摆动		Ⅱ
	4	轮胎与轮辋	滑转		Ⅱ
	5	履带	脱轨		Ⅱ
液压悬挂和牵引	1	液压悬挂系	耕深控制失效		Ⅱ
	2	液压油泵、分配器、悬挂杆件、液压输出阀、牵引装置、提升轴、提升臂、提升器壳体、滤清器等外部重要零部件	损坏或失效		Ⅱ
其他部分	1	驾驶室或安全架	容身区被侵入	危及人身安全	Ⅰ
	2	驾驶室或安全架的骨架及支架	损坏或断裂		Ⅱ
	3	蓄电池、组合仪表、驾驶室、机罩、后挡泥板等外部重要零部件	损坏		Ⅱ

ICS 65.060.40
B 91

中华人民共和国农业行业标准

NY/T 2454—2013

机动喷雾机禁用技术条件

Technical specifications of prohibition for motor sprayers

2013-09-10 发布

2014-01-01 实施

中华人民共和国农业部 发布

前　言

本标准按照 GB/T 1.1—2009 给出的规则起草。

本标准由农业部农业机械化管理司提出。

本标准由全国农业机械标准化技术委员会农业机械化分技术委员会(SAC/TC 201/SC 2)归口。

本标准起草单位:山东华盛中天机械集团有限公司、农业部南京农业机械化研究所、北京丰茂植保机械有限公司。

本标准主要起草人:王忠群、邵逸群、陈聪、方宝林、郭丽。

机动喷雾机禁用技术条件

1 范围

本标准规定了机动喷雾机禁用的技术条件与试验方法。

本标准适用于以拖拉机为动力的喷杆及风送式喷雾机(以下简称喷雾机)。

2 规范性引用文件

下列文件对于本文件的应用是必不可少的。凡是注日期的引用文件,仅注日期的版本适用于本文件。凡是不注日期的引用文件,其最新版本(包括所有的修改单)适用于本文件。

GB/T 17997—2008 农药喷雾机(器)田间操作规程及喷洒质量评定

3 术语和定义

下列术语和定义适用于本文件。

3.1

禁用 usage forbiddance

喷雾机因技术状况不良而禁止其继续使用。

4 禁用技术条件

喷雾机出现下列情况之一的应禁用:

a) 在额定工况下,发动机、液泵、风机、药液箱、喷射部件及其连接处经过调整和维修仍出现漏液、渗油等现象的;

b) 药液附着性能不符合 GB/T 17997—2008 中 4.2.1 规定的;

c) 承压管路系统,包括仪表、压力计管路和所有承压软管等,承受不高于最高工作压力 1.2 倍的压力时有破裂或渗漏现象的;

d) 调节调压阀或关闭截止阀时,压力表反应不灵敏;额定转速下无法达到使用说明书或其他技术文件明示的最低工作压力的;

e) 万向节、皮带轮等动力传送机构缺乏防护装置的;

f) 改变喷杆位置或在折叠喷杆时,挤压点或剪切点处无安全装置和警示标志,给进行作业人员带来危险的;

g) 风机、传动装置等对操作者有危险的部位,缺乏永久性安全标志的。

5 试验方法

5.1 密封性能试验

起动并调节发动机转速,使发动机在额定转速下稳定运转 3 min。打开喷雾机喷雾开关,调整工作压力至规定值,观察发动机、液泵、药液箱、喷射部件及连接处是否出现漏油、漏液等现象。允许调整 3 次。

5.2 药液附着性能试验

按 GB/T 17997—2008 中 5.3 的规定进行试验。

5.3 耐压性能试验

将喷射部件一端用无孔圆片堵塞,启动喷雾机,调节液泵,使工作压力维持在使用说明书规定的最高工作压力的 1.2 倍，保持 1 min。观察承压管路系统，包括仪表、压力计管路和所有承压软管等是否有破裂或渗漏现象。

5.4 调压性能试验

在额定转速下，调节调压阀，检查压力表显示值是否灵敏。关闭喷射部件或液泵截止阀，调整各调压阀或回流阀，观察压力指示仪上所示压力值，是否达到工作压力下限。

5.5 安全防护装置与标志检查

检查安全防护罩是否齐全有效，安全标志是否齐全。

ICS 65.060.10
T 60

中华人民共和国农业行业标准

NY/T 2455—2013

小型拖拉机安全认证规范

Specifications of safety certification for small tractors

2013-09-10 发布

2014-01-01 实施

中华人民共和国农业部 发布

前 言

本标准按照 GB/T 1.1—2009 给出的规则起草。

本标准由农业部农业机械化管理司提出。

本标准由全国农业机械标准化技术委员会农业机械化分技术委员会(SAC/TC 201/SC 2)归口。

本标准起草单位:中国农机产品质量认证中心、洛阳拖拉机研究所、山东省机械科学研究院、江苏常发农业装备股份有限公司、常州东风农机集团有限公司、山东时风(集团)有限责任公司。

本标准主要起草人:李宏、刘旭、宋仁龙、冯发超、廖汉平、尚项绳、杜建刚、苏东林、杨吉生、李博强。

小型拖拉机安全认证规范

1 范围

本标准规定了小型拖拉机安全认证模式、认证注册的条件、认证单元划分、型式试验、工厂审查、认证证书和标志使用管理、认证规则修订后的实施等认证要求。

本标准适用于手扶拖拉机、以单缸柴油机或功率不大于 18.40 kW(25 马力)的多缸柴油机为动力的轮式拖拉机和履带式拖拉机的安全认证。

2 规范性引用文件

下列文件对于本文件的应用是必不可少的。凡是注日期的引用文件,仅注日期的版本适用于本文件。凡是不注日期的引用文件,其最新版本(包括所有的修改单)适用于本文件。

GB 18447.1 拖拉机 安全要求 第1部分:轮式拖拉机

GB 18447.2 拖拉机 安全要求 第2部分:手扶拖拉机

GB 18447.3 拖拉机 安全要求 第3部分:履带拖拉机

GB 18447.4 拖拉机 安全要求 第4部分:皮带传动轮式拖拉机

GB/T 19000—2008 质量管理体系 基础和术语

NY/T 1352—2007 农机产品质量认证通则

3 术语和定义

GB/T 19000—2008 和 NY/T 1352—2007 界定的以及下列术语和定义适用于本文件。

3.1

产品一致性 product-consistency

批量生产的产品与型式试验合格样机的符合程度。

3.2

工厂 factory

制造和/或装配认证产品,并完成出厂试验的场所。

4 认证模式

型式试验+工厂审查+获证后监督。

5 认证注册的基本条件、认证单元和产品型号划分

5.1 认证注册的基本条件

a) 申请者应为独立的法律实体且具备相应的资质;

b) 申请的产品在认证产品范围内;

c) 产品型式试验结果和工厂审查结果满足本标准要求。

5.2 认证单元和产品型号划分

5.2.1 产品单元划分原则应符合 NY/T 1352—2007 中 5.2.1 的规定,见附录 A;不同工厂生产的产品不能划分为同一认证单元。

5.2.2 同一认证单元内产品型号划分应从整机及关键件的产品结构、技术规格及参数等进行划分,见

附录 A。

6 认证程序

6.1 认证申请和受理

6.1.1 申请者应按产品型号规格申请认证,申请多种型号的产品认证时,按认证单元申请。

6.1.2 申请者应提交申请书、中文产品使用说明书、总装图或结构图、关键件申报表、质量手册和认证机构要求的其他资料信息。

6.1.3 认证机构在收到申请者申请后,应按照 NY/T 1352—2007 中 5.2.3 的规定办理。

6.2 型式试验

6.2.1 型式试验依据

直联传动轮式拖拉机的依据为 GB 18447.1;皮带传动轮式拖拉机的依据为 GB 18447.4;手扶拖拉机的依据为 GB 18447.2;履带拖拉机的依据为 GB 18447.3。

6.2.2 整机样机的确定

认证机构应从每一认证单元中指定一种具有代表性的整机进行型式试验,送样数量为 1 台。申请者负责按认证机构的要求提供型式试验样机,并按工厂的规定磨合。提供的整机应与实际生产的产品一致,应符合 NY/T 1352—2007 中 5.3.2.2 的规定。

同一认证单元不同型号产品的关键件存在差异时,认证机构应根据检验项目,确定整机补充试验项目和送样数量。

同一关键件配置在同一认证单元不同型号的产品上,可能导致整机安全性能的降低时,应进行相应项目的补充试验。认证机构应根据检验项目,确定整机补充试验项目和送样数量。

6.2.3 关键件的确定

认证机构应根据型式试验依据的标准,从附录 B 中选择检验关键件品种,每个品种送样数量为 1 件(套)。申请者应保证其提供的关键件与实际生产的产品一致,符合 NY/T 1352—2007 中 5.3.2.2 的规定。

同一产品单元的同品种关键件存在差异时,认证机构应根据检验项目,确定关键件及其补充试验项目和送样数量。

6.2.4 型式试验项目及方法

6.2.4.1 型式试验前,受委托检验机构应确认样机(件)。样机(件)应符合本标准 6.2.2 和 6.2.3 要求,并按认证机构要求核查样机(件)主要型号、规格等。

6.2.4.2 型式试验应符合本标准 6.2.1 规定的依据中全部适用项目,试验方法应符合相关标准的规定。

6.2.4.3 整机、关键件已由具有产品认证认可资质的第三方检验机构在 24 个月内检验合格,经认证机构和/或受委托检验机构对检验报告原件的有效性审查合格,可以免做部分或全部型式试验项目。

6.2.4.4 型式试验合格后,方可进行工厂审查。

6.3 工厂审查

6.3.1 产品一致性检查

按照 NY/T 1352—2007 中 5.3.3.3 的规定进行。

6.3.2 工厂质量保证能力审查

按照 NY/T 1352—2007 中 5.3.3.2 的规定进行。工厂质量保证能力的要求见附录 C。

6.3.3 工厂审查由认证机构委派具有资质的人员实施。审查时间一般为每个工厂 3 人·日~8 人·日。

6.4 认证结果评价与批准

6.4.1 型式试验评价准则

6.4.1.1 所有项目的检测结果合格,型式试验通过。

6.4.1.2 型式试验结果有不合格时,一般允许整改。能通过书面材料即可验证不合格项的纠正效果的,应采用书面验证;否则应采用试验验证。不合格整改效果验证由受委托检验机构实施。

6.4.1.3 整改限期不超过3个月,验证合格的,型式试验通过。逾期未完成整改或整改验证不合格的,型式试验不通过。

6.4.2 工厂审查评价准则

6.4.2.1 审查结果无不符合项,工厂审查通过。

6.4.2.2 审查结果有一般不符合项和/或严重不符合项不超过2项时,允许整改。当发现只有一般不符合项时,应采用书面验证;当发现有严重不符合项时,应采用现场验证。不合格整改效果验证由工厂审查人员实施。

6.4.2.3 整改期限不超过3个月,验证合格的,工厂审查通过。严重不符合项超过2项、逾期未完成整改或整改验证不合格的,工厂审查不通过。

6.4.3 认证结论的评价与批准

认证机构应对型式试验和工厂审查结果进行综合评价。型式试验和工厂审查均通过,经认证机构评价后,按划分的认证产品单元,颁发认证证书。

认证证书的内容和认证证书及安全认证标志的使用应符合 NY/T 1352—2007 中 5.4.4.2 和 5.4.4.3 的规定。

6.5 认证时限

认证时限不超过90 d。企业进行整改及其验证时间不计算在内。

7 认证证书的保持和变更

7.1 获证后的监督

一般情况下,在认证证书有效期内,每间隔12个月进行一次监督。监督内容包括工厂质量保证能力监督审查和产品一致性检查,必要时进行产品抽样检测。

7.1.1 产品一致性检查

认证机构应在生产现场对每个认证单元至少抽取一个型号规格的产品,进行产品一致性检查。

7.1.2 工厂质量保证能力监督审查

获证后,认证机构应每年抽取附录C中部分内容进行工厂质量保证能力监督审查,其中C.3、C.4、C.5、C.9为必查内容,4年内的监督审查范围应覆盖附录C的全部内容。

7.1.3 认证机构应依据 NY/T 1352—2007 中 6.2.2.2 的要求,对工厂和获证产品实施分类管理。根据分类结果,增加或减少监督频次。

7.1.4 监督时间

每个工厂的每次监督时间一般为1人·日~4人·日。

7.1.5 监督结果

监督合格的,继续保持认证资格,使用认证标志。监督不合格的,则应根据具体情况按照本标准中8的规定对认证证书进行处理,并予以公告。

7.2 认证证书的保持

认证证书有效期内,认证证书的有效性根据认证机构定期的监督结果确定。

7.3 认证范围的扩大、缩小

7.3.1 扩大获证产品范围

认证证书持有者需要扩大获证产品范围时,应向认证机构提出申请,提交申请资料。认证机构应按以下方式进行评价合格后,根据认证证书持有者的要求单独颁发认证证书或换发认证证书:

a) 在已获证的认证单元内的,认证机构应安排必要的型式试验和/或工厂审查;

b) 在已获证的认证单元外的,认证程序同初次认证程序,工厂审查减免与已获证产品相同的附录 C 中的内容。

7.3.2 缩小获证产品范围

当出现以下情况时,认证机构应缩小获证产品范围,换发认证证书:

a) 通过获证后的监督等方式证实部分产品不再符合认证要求;

b) 获证组织自愿申请注销部分获证产品。

7.4 复评

认证证书有效期届满,需要延续使用的,认证委托人应当在认证证书有效期届满前 90 d 申请办理。复评换证程序及内容原则上按本标准 6.2、6.3 和 6.4 的规定执行。

8 认证证书的暂停、撤消、注销和换证

认证证书的暂停、撤消、注销和换证应符合 NY/T 1352—2007 中第 7 章的规定。

9 认证标志的使用

认证标志为安全认证标志。认证标志使用和管理应符合 NY/T 1352—2007 中第 8 章的规定。

10 认证规则修订后的实施

10.1 如果认证依据标准或规则进行了修订,原版标准或规则仍是认证的基础,在确定修订后的标准或规则对产品要求的生效日期时至少应考虑以下因素:

——符合修改后的健康、安全或环境要求的迫切性;

——调整装备和生产符合修订后要求的产品所需的时间和费用;

——现有库存产品的情况以及能否返工以符合修订后的要求;

——避免无意中给某特定制造或设计以商业上的优势;

——认证机构的运作问题。

10.2 认证机构应公布标准或规则修订部分的生效日期,并通知所有的相关证书持有人,以便提供充足的时间,使其满足相应的要求。

<h1>附　录　A</h1>
（规范性附录）
小型拖拉机单元和产品型号划分原则

A.1　小型轮式拖拉机单元和产品型号划分原则见表 A.1。

表 A.1　小型轮式拖拉机单元和产品型号划分原则

单元序号	认证产品单元	
1	以单缸柴油机为动力的,皮带传动轮式拖拉机	功率≤14.71 kW(20 W)
2		功率＞14.71 kW(20 W)
3	以单缸柴油机为动力的,直联传动轮式拖拉机	功率≤14.71 kW(20 W)
4		功率＞14.71 kW(20 W)
5	以多缸柴油机为动力轮式拖拉机	功率≤18.40 kW(25 W)
同一产品型号划分原则	申请认证同一型号规格的产品,其技术规格符合以下条件,否则,应按不同型号规格的产品申请: ——机架型式相同(无架式、全架式和半架式等); ——传动型式相同(皮带传动、直联传动等); ——驱动型式相同(二轮驱动、四轮驱动等); ——发动机缸数相同; ——发动机铭牌标定功率(12 h)值应在拖拉机型号对应功率值±0.367 kW(0.5 W)范围内,发动机铭牌标定转速的最大值与最小值之比不大于110%; ——变速箱型式、挡位数相同。	

A.2　手扶拖拉机单元和产品型号划分原则见表 A.2。

表 A.2　手扶拖拉机单元和产品型号划分原则

单元序号	认证产品单元	
1	皮带传动	功率≤7.5 kW(10.2 W)
2		功率＞7.5 kW(10.2 W)
3	直联传动	功率≤7.5 kW(10.2 W)
4		功率＞7.5 kW(10.2 W)
同一产品型号划分原则	申请认证同一型号规格的产品,其技术规格符合以下条件,否则,应按不同型号规格的产品申请: ——发动机与变速箱联接方式相同; ——发动机铭牌标定功率(12 h)值应在拖拉机型号对应功率值±0.367 kW(0.5 W)范围内,标定转速的最大值与最小值之比不大于110%; ——同一种变速箱(变速箱型式、挡位数相同、换挡方式、轴数和传动比相同)。	

A.3　小型履带式拖拉机单元和产品型号划分原则见表 A.3。

表 A.3 小型履带式拖拉机单元和产品型号划分原则

单元序号	认证单元	
1	全履带	功率≤18.41 kW
2	半履带	
同一产品型号划分原则	申请认证同一型号规格的产品,其技术规格符合以下条件,否则,应按不同型号规格的产品申请: ——履带型式相同(橡胶履带、金属履带); ——机架型式相同(无架、半架和全架); ——传动方式相同(机械、液压); ——转向方式相同(机械、液压); ——发动机铭牌标定功率(12 h)值应在拖拉机型号对应功率值±0.367 kW(0.5 W)范围内,标定转速的最大值与最小值之比不大于110%; ——同一种变速箱(变速箱型式、挡位数相同、换挡方式、轴数和传动比)。	

附　录　B
（规范性附录）
小型拖拉机关键件及一致性控制内容

B.1　认证机构应根据型式试验所依据的标准，针对整机、关键件的型式、规格、参数等变化，对产品一致性的影响程度和认证结果的风险影响程度，在产品信息申报、型式试验、工厂检查和获证后监督等过程，明确控制要求。

B.2　应对以下适宜内容明确一致性控制要求：
　　——机架型式；
　　——传动型式；
　　——驱动型式；
　　——轴距（接地长度）；
　　——前/后轮距（轨距）；
　　——发动机；
　　——主离合器；
　　——变速箱；
　　——差速器；
　　——最终传动；
　　——动力输出轴；
　　——前/后轮胎；
　　——前/后轮辋；
　　——导向轮、驱动轮、支重轮、拖带轮和涨紧机构；
　　——转向器；
　　——转向操纵机构；
　　——制动器；
　　——消声器；
　　——燃油箱；
　　——液压系统的安全阀开启压力；
　　——液压系统的液压胶管；
　　——前照灯；
　　——后反射器；
　　——后视镜；
　　——驾驶员座椅；
　　——安全架或驾驶室；
　　——安全带；
　　——驾驶室内饰材料；
　　——风挡玻璃；
　　——机罩/防护罩。

附 录 C

（规范性附录）

工厂质量保证能力要求

C.1 职责和资源

C.1.1 职责

工厂应规定与质量活动有关的各类人员职责及相互关系,且工厂应在组织内指定一名质量负责人,无论该成员在其他方面的职责如何,应具有以下方面的职责和权限:

    a) 负责建立满足本文件要求的质量体系,并确保其实施和保持;

    b) 确保加贴安全认证标志的产品符合认证标准的要求;

    c) 建立文件化的程序,确保认证标志的妥善保管和使用;

    d) 建立文件化的程序,确保不合格品、获证产品变更后未经认证机构确认以及未获证产品,不加
       贴安全认证标志。

质量负责人应具有充分的能力胜任本职工作。

C.1.2 资源

工厂应配备必须的生产设备和检验设备,以满足稳定生产符合安全认证标准的产品要求;应配备相应的人力资源,确保从事对产品质量有影响工作的人员具备必要的能力;建立并保持适宜产品生产、检验、试验、储存等必备的环境,应保证工作环境满足规定的要求。工厂必备的生产、检测设施及设备包括本文件表 C.1 的要求。工厂应建立并保持对生产设备、检验设施及设备维护制度,使其持续满足能力要求。

C.2 文件和记录

C.2.1 工厂应制定产品生产过程有效运作和产品一致性控制需要的文件。至少应包括以下内容的文件:

    a) 产品执行标准或出厂技术条件或类似文件;

    b) 自制关键件及整机产品图样、工艺文件及验收规范;

    c) 采购关键件技术要求及验收规范;

    d) 产品使用说明书。

上述文件内容和要求应不低于有关该产品的国家、行业标准要求,且满足对认证产品一致性控制要求。

C.2.2 工厂应建立并保持文件化的程序以对本文件要求的文件和资料进行有效的控制。这些控制应确保:

    a) 文件发布前和更改应由授权人批准,以确保其适宜性;

    b) 文件的更改和修订状态得到识别,防止作废文件的非预期使用;

    c) 确保在使用处可获得相应文件的有效版本。

C.2.3 工厂应建立并保持质量记录的标识、储存、保管和处理的文件化程序,质量记录应清晰、完整以作为产品符合规定要求的证据。

质量记录保存期限至少为 1 个认证周期。

C.3 采购和进货检验

C.3.1 供应商的控制

工厂应建立并保持对关键件和材料的供应商的选择、评定和日常管理的程序,程序内容应包括合格

供应商标准、选择及评价方法、采购和管理等内容。对供应商的评价材料应证明其具有持续提供合格产品能力。如果国家对采购关键件和材料实施 CCC 认证或生产许可证管理或有强制性产品标准的,关键件和其供应商应满足该要求。应在评价合格的供应商中采购。

工厂应保存对供应商的选择评价和日常管理记录。

C.3.2 关键件和材料的检验/验证

工厂应建立并保持对供应商提供的关键件和材料的检验或验证的程序,以确保关键件和材料满足认证所规定的要求。具体产品的检验方案应包括检验项目、检验方法(必要时)、抽样方案和测量设备等内容。检验项目和抽样方案应根据供应商质量保证能力、产品质量水平及对整机产品安全质量的影响程度确定。

关键件和材料的检验可由工厂进行,也可以由供应商完成。当由供应商检验时,工厂应对供应商提出明确的检验要求。

工厂应保存关键件检验或验证记录及供应商提供的合格证明及有关检验数据等。

C.4 生产过程控制和过程检验

C.4.1 工厂应识别并控制关键生产工序。操作人员应具备相应的能力并按工艺规定操作,如果该工序没有文件规定就不能保证产品质量时,则应制定相应的工艺作业指导书,使生产过程受控。适用时,关键工序至少包括:关键零件的热处理,机架焊接,关键零件的铸造、锻造,主要传动轴、箱体和齿轮类零件精加工,曲轴平衡,变速箱、制动机构、离合机构、转向机构及车轮等关键部件、履带涨紧机构和操纵装置的装配、调试,整机试车。

C.4.2 可行时,工厂应对适宜的过程参数和产品特性进行监控。

C.4.3 工厂应在生产的适当阶段对产品进行检验,以确保产品及零部件与认证样品一致。

C.5 例行检验

工厂应建立并保持例行检验程序,以验证产品满足规定的要求。例行检验程序应包括检验项目、内容、方法、判定等。应保存检验记录。

例行检验是在生产的最终阶段对产品进行的100%检验,例行检验项目由工厂根据需要确定,除非采取了其他措施予以保证外,至少应包括:

   a) 驻车制动;
   b) 行车制动(适用轮式拖拉机);
   c) 安全防护装置;
   d) 电器线路连接及布置;
   e) 灯光信号装置;
   f) 安全标志。

C.6 产品防护

工厂应在产品内部处理和交付到预定的地点期间对其提供防护,以使产品保持符合规定标准要求。适用时,防护应包括标识、搬运、包装、贮存和保护。

每台出厂的拖拉机,应随机提供使用说明书、合格证、"三包"凭证、备件和随机工具清单、装箱单。

C.7 检验试验仪器设备

C.7.1 用于确定所生产的产品符合规定要求的检验、试验设备应按规定的周期进行检定或校准,并满足检验试验能力。检定或校准应溯源至国家或国际基准。设备检定或校准状态应能被使用及管理人员方便识别。应保存设备的检定或校准记录。

C.7.2 必要时,检验和试验的仪器设备应有操作规程。当发现检验和试验的设备不符合要求时,应对以往测量结果的有效性进行评价和记录。工厂应对该设备和影响的产品采取适当的措施。

C.8 不合格品的控制

工厂应建立并保持不合格品控制程序,内容应包括不合格品的标识、隔离和处置及纠正措施要求。经返修、返工后的产品应重新检测。不得使用可能影响产品安全性能的不合格原材料和零部件生产、装配产品。对出现重复、批量和严重的不合格,应采取相应的纠正措施。

对交付后,使用过程中出现的产品不合格,工厂应按国家"三包"规定处理。

应保存对不合格品的处置、产品"三包"、用户投诉及纠正措施的记录。

C.9 认证产品一致性控制

C.9.1 工厂应建立并保持产品一致性控制计划,一致性控制计划应识别合同签订、设计、采购、生产和销售等环节有关一致性控制方案和措施。

C.9.2 工厂应对批量生产的产品与型式试验合格样机的一致性进行控制,以使认证产品持续符合规定的要求。获证产品及关键件和材料应与型式检验报告和经认证机构确认的参数保持一致。12 个月内至少对生产的所有认证产品有关参数核查一次,保存核查的相关记录。

C.9.3 工厂应建立并保持产品关键件和材料、结构等影响产品符合规定要求的产品变更控制程序,变更控制程序应包括产品变更评审、验证、申报和实施等相关内容。认证产品的变更在实施前应向认证机构申报并获得批准后方可执行。

C.10 改进

工厂应采用适宜的方法,对产品质量保证能力按本文件的规定要求进行内部审核、监测和评价,确保质量体系的有效性和认证产品的一致性,包括 C.9.1 和 C.9.2 的实施过程中发现问题时,应采取纠正和预防措施,并进行记录。

工厂必备的生产、检测设备见表 C.1。

表 C.1 工厂必备的生产、检测设备

序号	名 称	技术要求
1	自制件加工设备(适用时)	满足工艺要求
2	整机装配线	满足装配工位要求,应有磨合设备和工艺实施所需的装配器具等
3	零件清洗设备	满足工艺要求
4	PTO 和/或发动机试验台架	配备精度满足试验标准的转速、扭矩、油耗和烟度测量等测试设备
5	试车跑道	满足试车要求
6	驻车制动试验坡道	满足试验要求(坡度不低于 20%,履带拖拉机 30%)
7	噪声测量设备	满足试验标准的精度要求
8	液压系统安全阀开启压力测试设备(适用时)	满足试验标准的精度要求
9	前照灯检测仪	满足试验标准的精度要求
10	关键件进货检验、过程检验所需检测设备	满足试验标准的精度要求
11	液压提升检验设备(适用时)	满足试验标准的精度要求

ICS 65.060.20
B 91

中华人民共和国农业行业标准

NY/T 2456—2013

旋耕机 质量评价技术规范

Technical specifications of quality evaluation for rotary tillers

2013-09-10发布

2014-01-01实施

中华人民共和国农业部 发布

NY/T 2456—2013

前　言

本标准按照 GB/T 1.1—2009 给出的规则起草。

本标准由农业部农业机械化管理司提出。

本标准由全国农业机械标准化技术委员会农业机械化分技术委员会(SAC/TC 201/SC 2)归口。

本标准起草单位:江苏省农业机械试验鉴定站。

本标准主要起草人:糜南宏、蔡国芳、谢葆青、朱祖良、金玉良、夏利利、张婕、史孝华。

旋耕机 质量评价技术规范

1 范围

本标准规定了旋耕机的质量评价要求、检测方法和检验规则。

本标准适用于轮式拖拉机配套的卧式水、旱田旋耕机的质量评定。

2 规范性引用文件

下列文件对于本文件的应用是必不可少的。凡是注日期的引用文件,仅注日期的版本适用于本文件。凡是不注日期的引用文件,其最新版本(包括所有的修改单)适用于本文件。

GB/T 5668—2008 旋耕机

GB/T 5669 旋耕机械 刀和刀座

GB/T 9480 农林拖拉机和机械、草坪和园艺动力机械 使用说明书编写规则

JB/T 5673 农林拖拉机及机具涂漆 通用技术条件

3 术语和定义

3.1

耕深 rotary tillage depth

旋耕机作业后,未耕地原土表面至旋耕沟底的距离。

3.2

耕后地表平整度 soil surface planeness after rotary tillage

旋耕机作业后,耕后地表留下高低不平痕迹的程度。

4 基本要求

4.1 质量评价所需的文件资料

对旋耕机进行质量评价所需要提供的文件资料应包括:

a) 企业营业执照复印件;

b) 企业组织机构代码证复印件;

c) 产品规格确认表(见附录 A),并加盖企业公章;

d) 企业产品标准或执行标准证书;

e) 产品使用说明书;

f) 三包凭证;

g) 产品彩色照片(6 寸 2 张,左、右侧面 45°各 1 张,统一粘贴在 A4 纸上);

h) 注册商标证明材料(如有,需提供)。

4.2 主要技术参数核对与测量

根据产品标准、产品使用说明书、铭牌和其他技术条件,对样机的主要技术参数按表 1 进行核对或测量。

表 1 核测项目与方法

序号	项 目	方法
1	规格型号	核对
2	整机外形尺寸(长×宽×高)	测量

表 1 (续)

序号	项 目	方法
3	整机每米幅宽质量	测量
4	配套拖拉机功率	核对
5	配套拖拉机动力输出轴转速	核对
6	配套拖拉机常用作业挡	核对
7	与拖拉机连接形式	核对
8	传动方式	核对
9	作业幅宽	测量
10	旋耕刀规格和数量	核对
11	刀辊转速	测量
12	刀辊最大回转半径	测量
13	相邻切削面间距	测量
14	作业速度	测量
15	纯工作小时生产率	核测

4.3 试验条件

4.3.1 试验地选测

旋耕机作业田块地表应基本平整,土壤类型分为壤土、黏土和沙土,土壤绝对含水率为 15%～25%。必须有适量原植被,土壤表面秸秆长度不大于 25 cm,且均匀铺放在地表。

田块各处的试验条件要基本形同,田块面积应能满足各测试项目的测定要求,测区长度不少于 20 m,并留有适当的稳定区。

试验田块以旱田为试验选择对象,一般不进行水田试验,特殊情况也可进行。土壤以壤土和黏土为检测用基础田块;沙土为参考试验田块,尽量不采用。

4.3.2 田间调查

测定内容包括:前茬作物(或绿肥)和田面情况、前 2 年～3 年内轮作或耕作情况、土壤类型、耕前植被、土壤绝对含水率和土壤坚实度。水耕时,要测定水层深度。环境条件包括温度、湿度。测定方法按 GB/T 5668—2008 中的规定进行。

4.3.3 主要仪器设备

试验用主要仪器设备的测量范围和准确度要求应不低于表 2 的规定。另需工具:1 m×1 m 植被方框一个,500 mm×500 mm×200 mm 的金属框一个,标杆 11 根,取土钻 1 个,水平仪 1 把及土壤、植被样品盒等。

检测用主要仪器设备参见附录 B。

表 2 主要仪器设备测量范围和准确度要求

序号		测量参数	测量范围	准确度要求
1	质量	含水率样品质量	0 g～200 g	0.1 g
		其他样品质量	0 kg～30 kg	0.05 kg
2		长度	0 m～5 m;0 m～50 m	1 mm
3		时间	0 h～24 h	0.5 s/d
4		转速	0 r/min～9 999 r/min	1 r/min
5		压力	0 MPa～5 MPa	0.2 MPa
6		温湿度	0%～100%RH;－10℃～60℃	5%RH;0.5℃
7		力矩	0 N·m～500 N·m	1%

5 质量要求

旋耕机质量要求应符合表 3 的规定。

表 3 质量要求

序号	项目性质	项 目		评价指标(合格指标)
1	主要性能	耕深,cm		旱耕≥8
				水耕≥10
2		耕深稳定性,%		≥85
3		碎土率,%	土壤质地为壤土,在可耕条件下	≥60
			土壤质地为黏土,在可耕条件下	≥50
			土壤质地为沙土,在可耕条件下	≥80
4		耕后地表平整度,cm		≤5.0
5		植被覆盖率,%		≥55
6		功率消耗,kW		≤85%的配套动力的标定功率
7		纯工作小时生产率,hm²/(h·m)	配套动力<18 kW	≥0.12
			配套动力≥18 kW	≥0.19
8	安全性	安全要求		按照 GB/T 5668—2008 中第 6 章的规定执行
9	装配外观涂漆质量检查	刀辊半径变动量,mm		≤15
10		主要紧固件强度等级		螺栓不低于 8.8 级、螺母不低于 8 级;同时核查采购文件
11		主要紧固件拧紧力矩		按照 GB/T 5668—2008 中表 4 的规定执行,测量总数不得少于 10 只
12		空转扭矩	侧边传动,N·m	≤15
			中间传动,N·m	≤20
13		密封性		静结合面和动结合面均不得渗漏油
14		焊接外观质量		①焊缝表面应清理干净,保持光滑,不得有漏焊、飞溅、焊疤、凹坑等缺陷 ②焊接件结合处的错位必须打磨过渡 ③焊缝表面不应有裂纹、气孔、固体夹渣、未融合和未焊透、烧穿等缺陷
15		涂漆质量		按照 GB/T 5668—2008 中第 7.3.7 条的规定进行 涂漆外观质量应色泽均匀、平整、光滑、无露底,其中悬挂销和外露花键等应采取防锈措施 测量漆膜附着力,三处不低于Ⅱ级
16	操作方便性	操作方便性		①按机具使用说明书要求,操纵机具 ②检查调整方便性,检查换挡灵活性 各调整装置应可靠、方便、灵活,无卡滞和不易锁定等缺陷 带拨叉变速的旋耕机应能灵活换挡,不得有卡滞或挂不上挡现象,挂挡后不得有自动脱挡现象
17	可靠性	有效度(A),%		≥95
18		平均故障间隔时间(MTBF),h		≥85
19	使用信息	产品使用说明书		符合 GB/T 9480 的规定,其中应明确产品在使用过程中具有危险性安全注意事项的叙述,其主要参数既应满足 GB/T 5668—2008 中表 1 规定又应和实物相一致
20		三包凭证		符合国家关于《农业机械产品修理、更换、退货责任规定》政策规定
21		铭牌标志		按照 GB/T 5668—2008 中第 9.2 条的规定执行,其内容应与样机、技术文件相一致

表 3（续）

序号	项目性质	项　　目	评价指标(合格指标)
22	使用信息	装箱单	检查产品装箱单与实物的符合程度,检查万向节与样机动力输入轴的匹配正确性
23	关键零部件质量	关键零部件	符合相关标准和技术文件
24		旋耕刀硬度	按照 GB/T 5669 的规定,每台旋耕机抽取 2 把,测量刀身和刀柄硬度

注1:水田作业时不测定碎土率。
注2:主要紧固件指刀轴、齿轮箱、主梁、框架、侧板和悬挂板等承受载荷处的紧固件。

6 检测方法

6.1 性能试验

6.1.1 试验前准备

按照 GB/T 5668—2008 中 7.1.1 的规定进行。

6.1.2 试验前的调查和测定

按照 GB/T 5668—2008 中 7.1.2 的规定进行。

6.1.3 性能测定

6.1.3.1 耕深

按照 GB/T 5668—2008 中 7.1.3.1 的规定进行。

6.1.3.2 耕深稳定性

按照 GB/T 5668—2008 中 7.1.3.2 的规定进行。

6.1.3.3 碎土率

按照 GB/T 5668—2008 中 7.1.3.3 的规定进行。

6.1.3.4 耕后地表平整度

按照 GB/T 5668—2008 中 7.1.3.5 的规定进行。

6.1.3.5 植被覆盖率

按照 GB/T 5668—2008 中 7.1.3.4 的规定进行。

6.1.3.6 功率消耗

按照 GB/T 5668—2008 中 7.1.4 的规定进行。

6.1.3.7 纯工作小时生产率

按照 GB/T 5668—2008 中 7.2.2 的规定进行。

6.2 安全质量检查

按本标准表 3 要求进行。

6.3 装配、外观、涂漆质量检查

6.3.1 刀辊半径变动量

转动刀辊,测量刀辊上每把弯刀(旋耕刀)处的回转半径,取其最大半径与最小半径之差为刀辊半径变动量。

6.3.2 空转扭矩

采用电测法或扭矩扳手,在动力输入轴处测量维持旋耕机空转所需的扭矩。

6.3.3 密封性

按照 GB/T 5668—2008 中 7.3.2 空运转后,待停机 20 min 后,检查各动、静结合面有无漏油。

6.3.4 涂漆外观质量及漆膜附着力

按照 JB/T 5673 的规定,检查整机的涂漆外观质量,测定机罩、拖板处的漆膜附着力。

6.3.5 其他项目检查

按本标准表 3 要求进行。

6.4 操作方便性检查

按机具使用说明书要求,操作机具,检查调整方便性和换挡灵活性。

6.5 可靠性评价

6.5.1 有效度

按照 GB/T 5668—2008 中 7.2.1、7.2.1.2 的规定进行。

6.5.2 平均故障间隔时间

按照 GB/T 5668—2008 中 7.2.1、7.2.1.1 的规定进行。故障情况可参见附录 C。

6.6 使用信息审查

按本标准表 3 要求进行。

6.7 关键零部件质量检查

6.7.1 关键零部件检测

按国家相关标准和企业技术文件进行检测,随机抽取关键零部件,每种各 2 件,每件测 2 个主要尺寸,其中一个项目应包含材料厚度尺寸,总计 36 项次,每个项次必须合格。有不合格零件时,对不合格零件进行加倍抽样,对不合格项进行检测,若仍不合格,则判该零件不合格。

测量时,整机上测不到的数据,可在企业内生产车间或半成品库进行相应零件的检测。

关键零部件(9 种):悬挂板、悬挂架前撑杆、悬挂架后拉杆、主梁、框架、刀轴、机罩、拖板(挡土板)和刀座。

6.7.2 旋耕刀硬度

按本标准表 3 要求进行。

7 检验规则

7.1 不合格分类

产品的质量要求不符合规定,称为不合格。不合格按质量要求不符合的严重程度来分类,一般将不合格分为 A 类不合格、B 类不合格和 C 类不合格。检验项目不合格分类表见表 4。

表 4 检验项目不合格分类表

不合格分类		项　　　目	对应质量要求(表 3)序号
类别	项		
A	1	安全要求	8
	2	有效度	17
	3	平均故障间隔时间	18
	4	耕深	1
B	1	耕深稳定性	2
	2	碎土率	3
	3	耕后地表平整度	4
	4	植被覆盖率	5
	5	纯工作小时生产率	7
	6	主要紧固件强度等级	10
	7	主要紧固件拧紧力矩	11
	8	关键零件合格率	23
	9	操作方便性	16

表 4（续）

不合格分类		项　目	对应质量要求（表3）序号
类别	项		
C	1	功率消耗	8
	2	刀辊半径变动量	9
	3	空转扭矩	12
	4	密封性	13
	5	涂漆质量	15
	6	焊接外观质量	14
	7	旋耕刀硬度	24
	8	产品使用说明书	19
	9	三包凭证	20
	10	铭牌标志	21
	11	装箱单	22

7.2　抽样方案

样机由制造企业提供且应是近半年内生产的合格产品，在制造企业明示的产品存放处或生产线上随机抽取，抽样基数应不少于20台（市场或使用现场抽样不受此限），抽样数量2台。样机由申请方或制造企业在规定时间前送达指定地点，试验完成且对试验结果无异议后，由提供者自行处理。

7.3　评定规则

7.3.1　抽样判定方案

抽样判定方案见表5的规定。

表 5　抽样判定方案

不合格品分类	A	B	C
极限质量比 LQR 水平	O	I	II
不合格品百分数（DQL）	2.5	6.5	10.0
样本量（n）	2	2	2
项次数	4	9	11
不合格品限定数（L）	0	1	2

7.3.2　采用逐项考核、按类判定的原则，当各类不合格项次数均不大于不合格品限定数时，则判定该产品为合格；否则判该产品为不合格。试验期间，因产品质量原因造成故障，致使试验不能正常进行，则判定该产品不合格。

附　录　A
（规范性附录）
产品规格确认

产品规格确认见表 A.1。

表A.1　产品规格确认

序号	项　　目	单位	规　　格
1	规格型号	/	
2	整机外形尺寸(长×宽×高)	mm	
3	整机每米幅宽质量	kg/m	
4	配套拖拉机功率	kW	
5	配套拖拉机动力输出轴转速	r/min	
6	配套拖拉机常用作业挡	/	
7	与拖拉机连接形式	/	
8	传动方式	/	
9	作业幅宽	mm	
10	旋耕刀规格和数量	/	
11	刀辊转速	r/min	
12	刀辊最大回转半径	mm	
13	相邻切削面间距	mm	
14	作业速度	km/h	
15	纯工作小时生产率	hm²/(h·m)	
备注			

附　录　B
（资料性附录）
试验用主要仪器设备

B.1　皮尺（30 m～50 m）。

B.2　台秤（50 kg～100 kg）。

B.3　天平（200 g，感量0.1 mg）。

B.4　天平（1 000 g～2 000 g，感量0.1 g）。

B.5　钢卷尺（2 m～5 m）。

B.6　钢板尺（30 cm）。

B.7　水平尺。

B.8　土壤盒。

B.9　秒表。

B.10　耕深尺。

B.11　取土金属框（0.5 m×0.5 m×0.25 m）。

B.12　植被框（1 m×1 m）。

B.13　温度计（0℃～100℃）。

B.14　烘箱。

B.15　扭矩扳手。

B.16　功率消耗测定仪器。

B.17　标杆。

B.18　漆膜划格器。

B.19　照相机或摄像机。

注：测试水田旋耕深度时，需制作一个长度为50 cm～80 cm，顶端面积为2 cm² 的耕深尺进行测量。

附　录　C

（资料性附录）

旋耕机故障实例

旋耕机故障实例见表C.1。

表 C.1　旋耕机故障实例

序号	名称	故障模式	情况说明	类别
1	万向节传动轴总成	碎裂	危及人身安全	I
2	悬挂板、悬挂架和框架	断裂、脱开		I
3	悬挂板、悬挂架和框架	变形或有裂纹	影响正常工作	III
4	主梁、刀轴、箱体和传动轴	断裂、失效	不能正常工作	II
5	箱体、轴承座	有裂纹	能正常工作	IV
6	齿轮、链条、链轮、轴承、轴承座、传动轴类和小犁体	损坏、失效	不能正常工作	II
7	拨叉	断裂、失效		II
8	拨叉	变形	影响正常工作	III
9	刀座或刀盘	多个损坏或脱落		III
10	刀座	多个损坏		III
11	旋耕刀	多个断裂		III
12	拖板、机罩和防护罩	损坏	能正常工作	IV
13	螺栓和螺母	断裂或脱落	危及人身安全	I
14	螺栓和螺母	螺纹破坏、强度失效		I
15	螺栓	弯曲、变形	影响正常工作	III
16	刀轴、齿轮箱、主梁、框架、侧板和悬挂板等处紧固件	多个损坏，致连接失效	不能正常工作	II
17	刀轴、齿轮箱、主梁、框架、侧板和悬挂板等处紧固件	个别损坏或松动，未致连接失效	影响正常工作	III
18	机罩、防护罩和轴承座	损坏或脱落		III
19	零件结合面	严重漏油		III
20	零件结合面	漏油	能正常工作	IV
21	零件结合面	渗油		IV
22	表面漆膜	剥落		IV
23	黄油嘴	损坏或脱落		IV
注：　I—危及人身安全；II—不能正常工作；III—影响正常工作；IV—能正常工作。				

ICS 65.060.01
B 90

中华人民共和国农业行业标准

NY/T 2457—2013

包衣种子干燥机　质量评价技术规范

Technical specifications of quality evaluation for coated seed dryers

2013-09-10 发布

2014-01-01 实施

中华人民共和国农业部 发布

前　言

本标准按照 GB/T 1.1—2009 给出的规则起草。

本标准由农业部农业机械化管理司提出。

本标准由全国农业机械标准化技术委员会农业机械化分技术委员会(SAC/TC 201/SC 2)归口。

本标准起草单位:农业部南京农业机械化研究所、农业部农业机械试验鉴定总站、辽宁省种子管理局。

本标准主要起草人:田立佳、胡志超、谢焕雄、胡良龙、彭宝良、宋英、曲桂宝、杨沫。

包衣种子干燥机 质量评价技术规范

1 范围

本标准规定了包衣种子干燥机的基本要求、质量要求、检验方法和检验规则。

本标准适用于以加热空气为干燥介质的粮食、蔬菜等包衣种子干燥机(以下简称干燥机)。

2 规范性引用文件

下列文件对于本文件的应用是必不可少的。凡是注日期的引用文件,仅注日期的版本适用于本文件。凡是不注日期的引用文件,其最新版本(包括所有的修改单)适用于本文件。

GBZ 2.1 工作场所有害因素职业接触限值 化学有害因素

GBZ 159 工作场所空气中有害物质监测的采样规范

GBZ/T 160 工作场所空气有毒物质测定(所有部分)

GB/T 3543.4 农作物种子检验规程 发芽试验

GB 5083 生产设备安全卫生设计总则

GB/T 5497 粮食、油料检验 水分测定法

GB 10395.1 农林机械 安全 第1部分:总则

GB/T 12994 种子加工机械 术语

GB/T 13306 标牌

GB/T 14095 农产品干燥技术 术语

GB/T 19517 国家电气设备安全技术规范

JB/T 9832.2—1999 农林拖拉机及机具 漆膜 附着性能测定方法 压切法

NY/T 375 种子包衣机试验鉴定方法

3 术语和定义

GB/T 12994 和 GB/T 14095 界定的以及下列术语和定义适用于本文件。

3.1

包衣种子干燥机 coated seed dryer

以加热空气为干燥介质,干燥已包敷种衣剂的种子,使包敷层快速固化成膜的干燥机。

3.2

入机含水率 inlet seed moisture content

包衣种子进入干燥机前的含水率。

3.3

出机含水率 outlet seed moisture content

包衣种子干燥后出机的含水率。

3.4

干燥后发芽率 germination percentage of dried seed

包衣种子经干燥后的发芽率。

3.5

破损率增值 increase in percentage of damaged seed

干燥后和干燥前包衣种子破损率的差值。

3.6

干燥不均匀度 ununiformity of drying

干燥后的同一批包衣种子中,最大含水率与最小含水率的差值。

3.7

有害气体逸散量 content of toxic gas released in environment air

加工场所,单位体积空气中有害气体(种衣剂)的含量。

3.8

单位耗热量 specific heat consumption

包衣种子蒸发1 kg水消耗的热量。

3.9

单位耗能量 specific energy consumption

包衣种子蒸发1 kg水所消耗的电能和热能的总和。

4 基本要求

4.1 质量评价所需的文件资料

对干燥机进行质量评价所需要提供的文件资料应包括:

a) 产品规格确认表(见附录A),并加盖企业公章;

b) 企业产品执行标准或产品制造验收技术条件;

c) 产品使用说明书;

d) "三包"凭证;

e) 样机照片(应能充分反映样机特征)。

4.2 主要技术参数核对与测量

依据产品使用说明书、铭牌和其他技术条件,对样机的主要技术参数按表1进行核对或测量。

表1 核测项目与方法

序号	项 目		方 法
1	规格型号		核对
2	整机外形尺寸(长×宽×高)		测量
3	整机质量		核对
4	配套总功率		核对
5	生产率		测量
6	风机风量		核对
7	燃烧器	规格型号	核对
		能源类型	核对

4.3 试验条件

4.3.1 试验场地

a) 试验场地应满足试验样机的试验要求,并通风良好;

b) 试验用仪器、仪表的测量范围及准确度应符合表2的要求,并经法定部门校验合格;

c) 试验环境温度不低于5℃,低于5℃时应加热。相对湿度不大于70%。

4.3.2 试验物料

a) 选用小麦或玉米包衣种子进行试验,包衣作业时,种衣剂和种子的混配比为1:50～1:30;

b) 试验用包衣种子的包衣合格率应符合NY/T 375的规定;

c) 如果选用其他试验物料,可根据不同种子的不同干燥特性,因地制宜地调整混配比和干燥温度。

4.3.3 试验样机

a) 试验样机应按产品使用说明书要求进行安装,并调试到正常工作状态;

b) 试验前样机应做不少于5 min的空运转和30 min的负载试验,观察安全性及有无异常现象,并将生产率调整在设计值±5%的水平上。

4.4 主要仪器设备

仪器设备的量程、测量准确度及被测参数准确度要求应满足表2规定。

表2 主要试验用仪器设备测量范围和准确度要求

序号	测量参数名称	测量范围	准确度
1	时间	0 h~24 h	0.5 s
2	质量	0 kg~0.2 kg	0.001 g
3	质量	0 kg~0.5 kg	0.01 g
4	质量	5 kg	1 g
5	质量	500 kg	250 g
6	风速	0 m/s~10 m/s	0.1 m/s
7	转速	0 r/min~4 000 r/min	1 r/min
8	温度	−50℃~150℃	0.5℃
9	湿度	0%~100%RH	5%RH
10	噪声	30 dB(A)~130 dB(A)	2 型
11	耗电量	0 kW・h~500 kW・h	1.0 级

另需工具:数粒仪1部;分样器和扦样器各1个;5 m和10 m卷尺各1个;水平仪1把;样品袋、样品盒、镊子等。

5 质量要求

5.1 性能要求

干燥机性能应符合表3规定。

表3 性能指标要求

序号	项目	单位	指标
1	干燥后包衣种子含水率	%	≤包衣前种子含水率+0.4
2	干燥机进风口温度	℃	≤60
3	干燥后包衣种子破损率增值	%	≤0.1
4	干燥后包衣种子干燥不均匀度	%	≤0.2
5	干燥后的包衣种子发芽率	%	不低于干燥前
6	出机种温	℃	≤环境温度+8
7	单位耗热量	kJ/kgH$_2$O	≤5 000
8	单位耗能量	kJ/kgH$_2$O	≤5 700
9	纯小时生产率	t/h	不得低于设计值
10	噪声	dB(A)	≤90
11	工作场所空气中有害物质浓度	mg/m^3	符合GBZ 2.1的规定
12	有效度	%	≥98
13	轴承温升	℃	≤25

5.2 安全要求

5.2.1 设备的安全性能应符合GB 10395.1和GB 5083的规定。

5.2.2 旋转件须有明显的转向标志。

5.2.3 外露运动件须有可靠的防护装置。

5.2.4 电控系统应符合 GB/T 19517 的规定,须有过载保护和接地装置。

5.2.5 燃烧炉应有防火隔离设施或防爆装置并配备消防器材。

5.3 装配质量

5.3.1 所有装配的零部件、外协件必须检验合格,外购件应具有产品检验合格证方可进行装配。

5.3.2 各紧固件、联接件应牢固可靠、不松动。

5.3.3 各运转件应转动灵活、平稳,不应有异常震动、声响及卡滞现象。

5.3.4 干燥机在工作过程中,药、气、尘排放应合理,不得有漏种、漏药、漏油和漏气等现象。

5.4 外观质量

5.4.1 整机表面应平整光滑,不应有碰伤、划痕及制造缺陷。

5.4.2 油漆表面应色泽均匀,不应有露底、起泡、起皱和流挂现象。

5.5 漆膜附着力

应符合 JB/T 9832.2—1999 中表 1 规定的Ⅱ级或Ⅱ级以上要求。

5.6 操作方便性

5.6.1 调节装置应灵活可靠。

5.6.2 各注油孔的位置应设计合理,保养时不受其他部件的阻碍。

5.6.3 干燥机外部应有便于起吊的装置。内部应便于清理,不得有难以清除残留物的死角。

5.6.4 上料和卸料不应受其他部件妨碍。

5.6.5 干燥机应装有可靠的控温装置,显示器的位置应设置合理,便于观察。

5.7 使用有效度

干燥机的使用有效度不小于 98%。

5.8 使用说明书

干燥机应有产品使用说明书,其主要内容包括:

a) 主要用途和适用范围;

b) 主要技术参数;

c) 正确的安装和调试方法;

d) 操作说明;

e) 维护与保养方法;

f) 常见故障与排除方法;

g) 易损件清单;

h) 产品执行标准代号。

5.9 "三包"凭证

干燥机应有"三包"凭证,并应包括以下内容:

a) 产品品牌(如有)、型号规格、购买日期和产品编号;

b) 生产者名称、联系地址和电话;

c) 已经指定销售者和维修者的,应有销售者和维修者的名称、联系地址、电话和"三包"项目;

d) 整机"三包"有效期(不低于 1 年);

e) 主要零部件名称和质量保证期;

f) 易损件及其他零部件质量保证期;

g) 销售记录(包括销售者、销售地点、销售日期和购机发票号码);

h) 修理记录(包括送修时间、交货时间、送修故障、修理情况和换退货证明);

i) 不承担"三包"责任的情况说明。

5.10 标牌

5.10.1 干燥机的标牌应符合 GB/T 13306 的规定,且固定在明显位置。

5.10.2 标牌至少包括以下内容:

    a) 产品型号及名称;

    b) 整机外形尺寸;

    c) 配套动力;

    d) 整机质量;

    e) 制造单位;

    f) 生产日期及出厂编号。

6 检验方法

6.1 性能试验

6.1.1 试验要求

6.1.1.1 试验前,按照 GB/T 5497 的规定或采用谷物水分速测仪检验试验物料水分。

6.1.1.2 样机进行不少于 5 min 的空运转,检查各运转件是否工作正常、平稳。

6.1.1.3 空运转结束后进行不少于 30 min 的负载试验,观察安全性及有无异常现象,并将生产率调整在设计值±5%的水平上。

6.1.1.4 性能试验每项测定做 3 次,每次间隔时间不少于 10 min,取平均值。首次取样应在设备稳态工作 5 min 后进行。

6.1.2 取样

    a) 在入、出机口处接取物料,次数不少于 10 次,每次间隔时间不少于 2 min,每份物料不少于 2 000 g,供降水率、破损率增值、发芽率和干燥不均匀度测定;

    b) 对干燥后的物料取样 3 次,每次取样 2 min~3 min,间隔时间不少于 5 min,供小时生产率和出机种温测定。

6.1.3 分样

    将 6.1.2 a)中的物料充分混合,用分样器或对角线分样法,将物料平均分成 2 份大样,分别装入密闭容器冷却至常温。一份供性能测定用,并按表 4 分取小样;另一份备用。

表 4 分样表

序号	测定项目	每份大样重量	从大样中分取小样
1	含水率		30 g~50 g
2	发芽率	≥1 000 g	100 粒
3	破损率		60 g~100 g

6.1.4 性能测定

6.1.4.1 进风口温度

    将温控器调整在试验物料所需的干燥温度,且最大不大于 60℃,并记录。

6.1.4.2 含水率

    按照 GB/T 5497 的规定测定含水率。

6.1.4.3 破损率增值

    以手工方式拣出干燥前和干燥后破损籽粒(压扁、破碎及残缺程度达 $\frac{1}{3}$ 或 $\frac{1}{3}$ 以上的种子),称重并按式(1)～式(3)计算。

$$p_u = \frac{G_{pu}}{G_{yz}} \times 100 \quad\text{..} (1)$$

式中：

p_u ——干燥前破损率，单位为百分率(%)；

G_{pu} ——干燥前测定样品中破损的种子量，单位为克(g)；

G_{yz} ——干燥前测定样品总重，单位为克(g)。

$$p_g = \frac{G_{pg}}{G'_{yz}} \times 100 \quad\text{..} (2)$$

式中：

p_g ——干燥后破损率，单位为百分率(%)；

G_{pg} ——干燥后测定样品中破损的种子量，单位为克(g)；

G'_{yz} ——干燥后测定样品总重，单位为克(g)。

$$\Delta p = p_g - p_u \quad\text{..} (3)$$

式中：

Δp ——破损率增值，单位为百分率(%)。

6.1.4.4 发芽率

按照 GB/T 3543.4 的规定测定。

6.1.4.5 纯小时生产率

对 6.1.2 b)中的物料按式(4)计算，结果保留一位小数。

$$E_c = \frac{G_g}{t_c} \times \frac{60}{1\,000} \quad\text{..} (4)$$

式中：

E_c ——纯小时生产率，单位为吨每小时(t/h)；

G_g ——出机物料总重，单位为千克(kg)；

t_c ——取样时间，单位为分钟(min)。

6.1.4.6 单位耗热量

从开始测试到结束时间内计量燃料耗量(使用固体燃料时需人工称重)，单位耗热量按式(5)计算。

$$q_r = \frac{B_r \cdot Q^y_{DW}}{W} \quad\text{..} (5)$$

式中：

q_r ——单位耗热量，单位为兆焦每千克(MJ/kg)；

B_r ——小时燃料消耗量，单位为千克每小时(kg/h)；

Q^y_{DW} ——燃料低位发热量，单位为兆焦每千克(MJ/kg)；

W ——小时水分汽化量，单位为千克水每小时(kg·H_2O/h)。

小时水分汽化量按(6)计算。

$$W = 1\,000G \frac{W_1 - W_2}{100 - W_1} \quad\text{..} (6)$$

式中：

G ——干燥机生产能，单位为吨每小时(t/h)；

W_1 ——物料的初水分，单位为百分率(%)；

W_2 ——物料的终水分，单位为百分率(%)。

6.1.4.7 单位耗能量

从开始测试到结束时间记录耗电量,按式(7)计算单位耗能量。

$$q_n = \frac{B_r \cdot Q_{DW}^y + 3.6 \cdot D}{W} \quad \cdots\cdots\cdots\cdots\cdots\cdots\cdots\cdots \quad (7)$$

式中:

q_n——单位耗能量,单位为兆焦每千克(MJ/kg);

D——小时耗电量,单位为千瓦时每小时(kW·h/h)。

6.1.4.8 干燥不均匀度

按照 GB/T 5497 的规定测定含水率,按式(8)计算。

$$N = W_{max} - W_{min} \quad \cdots\cdots\cdots\cdots\cdots\cdots\cdots\cdots \quad (8)$$

式中:

N ——干燥不均匀度,单位为百分率(%);

W_{max}——干燥后测定样品中的最大含水率,单位为百分率(%);

W_{min}——干燥后测定样品中的最小含水率,单位为百分率(%)。

6.1.4.9 工作场所空气中有害物质浓度

不同的种衣剂其有害物质组分不同,作业时,工作场所空气中有害物质浓度应符合 GBZ 2.1 的规定。按照 GBZ 159 的规定采样,按照 GBZ/T 160 的规定测定。

6.1.4.10 出机种温

用接样盒(每盒应有 100 g)接样,温度计插入接样盒(专用),测量种子出机温度,或用红外线测温仪在出口直接测量。

用温度计插入出机种子中,随机测量 3 次,求平均值。

6.1.4.11 噪声测定

在负载情况下,面对干燥机用声级计在进料口和出料口之间的距离内,距表面1 m、离地面 1.5 m 高的位置测不少于 4 点噪声[四点数值的变动范围不超过 5 dB(A)时,按算术平均值计算,大于 5 dB(A)时按对数平均值计算]。结果保留 1 位小数。

6.1.4.12 轴承温升的测定

试验开始前用点温计测量各滚筒轴轴承座外壳温度,作为初始温度。在 3 次试验结束后,立即测量各滚筒轴轴承座外壳温度,作为终止温度,计算轴承温升。取其最大值,结果保留一位小数。

6.2 安全要求

采用目测法按 5.2 要求逐条进行检查。

6.3 装配质量

在试验过程中,观察是否符合 5.3 要求。

6.4 外观质量

采用目测法检查外观质量是否符合 5.4 要求。

6.5 漆膜附着力

在试验样机表面任选 3 处,按照 JB/T 9832.2—1999 的规定方法进行检查。

6.6 操作方便性

通过实际操作,观察试验样机是否符合 5.6 要求。

6.7 有效度测定

干燥机生产考核时间不少于 100 h。有效度按式(9)计算。

$$K = \frac{\sum Y_z}{\sum T_z + \sum T_g} \times 100 \quad \cdots\cdots\cdots\cdots\cdots\cdots\cdots\cdots \quad (9)$$

式中:

K——设备有效度,单位为百分率(%);

T_z——班次作业时间,单位为小时(h);

T_g——班次故障时间,单位为小时(h)。

6.8 使用说明书

审查使用说明书是否符合5.8要求。

6.9 "三包"凭证

审查"三包"凭证是否符合5.9要求。

6.10 标牌

检查标牌是否符合5.10要求。

7 检验规则

7.1 不合格项目分类

检验项目按其对产品质量影响的程度分为 A、B、C 三类,不合格项目分类见表5。

表5 检验项目及不合格分类表

不合格分类		检验项目	对应条款
类别	序号		
A	1	进风口温度	5.1表3
	2	含水率	5.1表3
	3	工作场所空气中有害物质浓度	5.1表3
	4	安全	5.2
	5	发芽率	5.1表3
	6	出机种温	5.1表3
	7	温控装置功能	5.6.5
	8	噪声	5.1表3
B	1	干燥不均匀度	5.1表3
	2	破损率增值	5.1表3
	3	生产率	5.1表3
	4	单位耗热量	5.1表3
	5	单位耗能量	5.1表3
	6	有效度	5.1表3
	7	"三包"凭证	5.9
C	1	轴承温升	5.1表3
	2	装配质量	5.3
	3	可清理性	5.6.3
	4	外观质量	5.4
	5	漆膜附着力	5.5
	6	操作方便性	5.6
	7	标牌	5.10

7.2 判定规则

抽样判定见表6,Ac 为合格判定数,Re 为不合格判定数。

表6 抽样判定

不合格分类		A		B		C
项目数		8		7		7
样本数				1		
合格判定	Ac	Re	Ac	Re	Ac	Re
	0	1	1	2	2	3

附　录　A

（规范性附录）

产品规格确认

产品规格确认见表 A.1。

表 A.1　产品规格确认

序号	项　目		单位	规格
1	规格型号		/	
2	整机外形尺寸(长×宽×高)		mm	
3	整机质量		kg	
4	配套总功率		kW	
5	生产率		kg/h	
6	风机风量		m³/h	
7	燃烧器	规格型号	/	
		能源类型	/	

ICS 65.060.50
B 91

中华人民共和国农业行业标准

NY/T 2458—2013

牧草收获机　质量评价技术规范

Technical specifications of quality evaluation for forage grass harvesters

2013-09-10 发布

2014-01-01 实施

中华人民共和国农业部 发布

前　言

本标准按照 GB/T 1.1—2009 给出的规则起草。

本标准由农业部农业机械化管理司提出。

本标准由全国农业机械标准化技术委员会农业机械化分会技术委员会(SAC/TC 201/SC 2)归口。

本标准起草单位:内蒙古自治区农牧业机械试验鉴定站。

本标准主要起草人:周风林、吴淑琴、王海军、陈晖明、王强、成沙令、王作勋。

牧草收获机　质量评价技术规范

1　范围

本标准规定了牧草收获机的产品质量评价指标、检测方法和检验规则。

本标准适用于牧草收获机的产品质量评定。

2　规范性引用文件

下列文件对于本文件的应用是必不可少的。凡是注日期的引用文件，仅注日期的版本适应于本文件。凡是不注日期的引用文件，其最新版本（包括所有的修改单）适用于本文件。

GB/T 2828.11—2008　计数抽样检验程序　第 11 部分：小总体声称质量水平的评定程序

GB/T 5667　农业机械　生产试验方法

GB/T 9239.1　机械振动　恒态（刚性）转子平衡品质要求　第 1 部分：规范与平衡允差的检验

GB/T 9480　农林拖拉机和机械、草坪和园艺动力机械　使用说明书编写规则

GB 10395.1　农林机械　安全　第 1 部分：总则

GB 10396　农林拖拉机和机械、草坪和园艺动力机械　安全标志和危险图形　总则

GB/T 10938—2008　旋转割草机

GB/T 10940—2008　往复式割草机

GB/T 13306　标牌

GB/T 14248　收获机械制动性能测定方法

GB/T 21899—2008　割草压扁机

JB/T 6268　自走式收获机　噪声测定方法

JB 8520　旋转式割草机　安全要求

JB/T 8836　往复式割草机　安全技术要求

JB/T 9700　牧草收获机械　试验方法通则

JB/T 9832.2—1999　农林拖拉机及机具　漆膜附着性能测定方法　压切法

3　术语和定义

GB/T 10938—2008 和 GB/T 10940—2008 界定的以及下列术语和定义适用于本文件。

3.1

牧草收获机　forage grass harvester

能一次完成牧草收割、收集作业的牧草收获机械。

3.2

割搂草机　cut-raker

能一次完成牧草切割和搂草作业的牧草收获机械。

3.3

漏草　leakage grass

牧草收获作业后，作业地上未能收集或未能成条的长度大于 7 cm 的已割牧草。

3.4

漏草损失率　loss ratio of leakage grass

单位面积漏草损失质量与单位面积应收牧草质量之比，其百分数为漏草损失率。

3.5

碎草损失率　loss ratio of crushed grass

单位面积碎草损失质量与单位面积应收牧草质量之比，其百分数为碎草损失率。

4　基本要求

4.1　质量评价所需的文件资料

对牧草收获机进行质量评价所需文件资料应包括：

a)　产品规格确认表（见附录 A），并加盖企业公章；

b)　产品执行标准或产品制造验收技术条件；

c)　产品使用说明书；

d)　产品"三包"凭证；

e)　产品照片 3 张（正前方、正后方、正前方 45°各一张）。

4.2　主要技术参数核对与测量

依据产品使用说明书、标牌和企业提供的其他技术文件，对样机的主要技术参数按表 1 进行核对或测量。

表 1　核测项目与方法

序号	项　　目	方法
1	规格型号	核对
2	结构型式	核对
3	挂接方式	核对
4	配套动力范围	核对
5	外形尺寸（长×宽×高）	测量
6	结构质量	测量
7	切割器宽度	测量
8	集条宽度	测量
9	作业速度	测量
10	切割器结构型式	核对
11	搂草器结构型式	核对
12	压扁器结构型式	核对

4.3　试验条件

4.3.1　试验用配套动力应符合产品使用说明书的规定。

4.3.2　试验条件按照 JB/T 9700 的规定确定。

4.4　主要仪器设备

试验用仪器设备应通过校准或检定合格，并在有效期内。仪器设备的量程、测量准确度及被测参数准确度要求应不低于表 2 的规定。

表 2　主要试验用仪器设备测量范围和准确度要求

测量参数名称	测量范围	准确度要求
长度	≥5 m	1 cm
	0 m～5 m	1 mm
	0 μm～200 μm	1 μm
质量	0 g～500 g	0.1 g
	0 kg～6 kg	1 g
时间	0 h～24 h	1 s/d

表 2（续）

测量参数名称	测量范围	准确度要求
温度	−10℃～50℃	1℃
环境湿度	0%～90%	5%
土壤坚实度	0 MPa～5 MPa	0.1 MPa
风速	0 m/s～10 m/s	0.5 m/s
力	0 N～50 000 N	1%
转矩	0 N·m～500 N·m	1 N·m
	500 N·m～10 000 N·m	5 N·m
转速	0 r/min～5 000 r/min	0.1%
噪声	35 dB(A)～130 dB(A)	1 dB(A)

5 质量要求

5.1 性能要求

割搂草机以天然草场禾本科牧草为试验对象，割草压扁机以人工种植苜蓿草为试验对象，牧草收获机性能指标应符合表 3 的规定。

表 3　牧草收获机性能指标

序号	项	目	性能指标		
			割搂草机	悬挂式、牵引式割草压扁机	自走式割草压扁机
1	实际割幅，m		不低于设计值	不低于设计值	不低于设计值
2	割茬高度，mm		≤70	≤70	≤70
3	重割率，%	往复式切割器	≤0.8	≤0.8	≤0.8
		旋转式切割器	/	≤1.5	≤1.5
4	超茬损失率，%	往复式切割器	≤0.35	≤0.35	≤0.35
		旋转式切割器	/	≤0.5	≤0.5
5	漏割损失率，%	往复式切割器	≤0.5	≤0.5	≤0.5
		旋转式切割器	/	≤0.25	≤0.25
6	碎草损失率，%	往复式切割器	≤0.5	≤4	≤4
		旋转式切割器	/	≤4	≤4
7	漏草损失率，%	往复式切割器	≤5.0	≤0.5	≤0.5
		旋转式切割器	/	≤1.0	≤1.0
8	集条宽度，mm		不低于设计值	不低于设计值	不低于设计值
9	压扁率，%		/	≥90	≥90
10	每米割幅空载功率消耗，kW/m	往复式切割器	≤0.9	≤3.5	≤3.5
		旋转式切割器	/	≤3.5	≤3.5
11	每米割幅总功率消耗，kW/m	往复式切割器	≤2.0	≤10	≤10
		旋转式切割器	/	≤10	≤10
12	纯工作小时生产率，hm²/h		不低于设计值	不低于设计值	不低于设计值
13	噪声	动态环境噪声，dB(A)	/	/	≤87
		驾驶员耳位噪声，dB(A)　封闭驾驶室	/	/	≤85
		普通驾驶室	/	/	≤93
		无驾驶室或简易驾驶室	/	/	≤95
14	制动性能	行车制动冷态减速度，m/s²	/	/	≥2.94
		驻车制动	/	/	可靠地停在 20% 的干硬纵向坡道上
15	运输间隙，mm	悬挂式	≥250	≥250	/
		牵引式	≥200	≥250	

NY/T 2458—2013

5.2 安全要求

5.2.1 牧草收获机的安全要求应符合 JB 8520 和 JB/T 8836 的规定。

5.2.2 牧草收获机各传动轴、带轮、齿轮、链轮、传动带和链条等外露运转部件及对操作人员有危险的部件应有可靠的防护装置,防护装置应符合 GB 10395.1 的规定。切割器、搂草器、压扁辊、起落机构和往复式切割器折叠机构等对人员可能造成危险的部件,应在其附近固定符合 GB 10396 规定的安全标志。

5.2.3 悬挂式、牵引式牧草收获机宽度超过拖拉机宽度时,应装有反光器或采用反光物质制造的轮廓条带,反光装置离牧草收获机外缘的距离不大于 0.4 m。

5.2.4 自走式牧草收获机至少应装作业照明灯 2 只,1 只照向割台前方,1 只照向草条。最高行驶速度大于 10 km/h 的自走式牧草收获机还必须装前照灯 2 只、前位灯 2 只、后位灯 2 只、前转向信号灯 2 只、后转向信号灯 2 只、停车灯 2 只、制动灯 2 只,应装行走、倒车喇叭和 2 只后视镜。自走式牧草收获机驾驶室玻璃必须采用安全玻璃。

5.2.5 使用说明书应明示安全警示标志、安全操作装置的提示及其他的安全提示、要求内容。

5.3 装配、涂漆和外观质量

5.3.1 空运转试验

牧草收获机在使用说明书规定的额定转速下空运转 30 min,应符合下列要求:

a) 各部件运转、平稳,不应有碰撞、卡滞和异常声响;
b) 各连接件联接可靠,紧固件无松动;
c) 各密封部位、液压系统不应有漏油、渗漏现象;
d) 各轴承座温升不大于 25℃。

5.3.2 离合器工作性能

工作时,离合器应平稳、可靠,分离彻底。

5.3.3 操纵机构工作性能

各操纵机构应操纵灵活、准确和可靠。

5.3.4 焊接质量

焊接件的焊缝应平整光滑,不应有漏焊、裂纹、烧穿和焊渣等缺陷。

5.3.5 涂漆和外观质量

机器表面应无锈蚀、碰伤等缺陷,涂漆应色泽均匀、平整光滑和不露底,涂漆厚度不小于 40 μm,漆膜附着力达到 JB/T 9832.2—1999 中的Ⅱ级或Ⅱ级以上。

5.4 操作方便性

设计应合理,保证驾驶人员操纵方便舒适,不阻挡驾驶人员视野,各部位保养、维护、调整和换装易损件操作方便。

5.5 使用有效度

使用有效度应不低于 98%。

5.6 切割器静平衡

滚筒式旋转切割器应进行静平衡试验,不平衡量不应超过 GB/T 9239.1 规定的 G16 级。

5.7 使用说明书

5.7.1 使用说明书的编制应符合 GB/T 9480 的规定。

5.7.2 使用说明书应包括以下内容:

a) 安全警示标志、标识的样式,明确表示粘贴位置;
b) 主要用途和适用范围;

114

c) 主要技术参数；

d) 正确的安装与调试方法；

e) 操作说明；

f) 安全注意事项；

g) 维护与保养要求；

h) 常见故障及排除方法；

i) 产品"三包"内容，也可单独成册；

j) 易损件清单；

k) 产品执行标准代号。

5.8 "三包"凭证

5.8.1 牧草收获机应有"三包"凭证，"三包"凭证应符合国家有关部门的规定，并应包括以下内容：

a) 产品名称、规格、型号和出厂编号；

b) 配套动力的牌号、型号、名称及出厂编号；

c) 生产企业名称、地址、售后服务联系电话和邮政编码；

d) 修理者名称、地址、电话和邮政编码；

e) 整机"三包"有效期；

f) 主要零部件"三包"有效期；

g) 主要零部件清单；

h) 修理记录表；

i) 不实行"三包"的情况说明。

5.8.2 整机"三包"有效期应不少于 1 年。

5.8.3 主要零部件质量保证期应不少于 1 年。

5.9 标牌

在产品明显位置处应有永久性标牌，标牌应至少包括产品名称型号、产品主要技术参数、产品执行标准、产品制造厂名称及地址、产品出厂编号及出厂日期等内容，并符合 GB/T 13306 的规定。

6 检测方法

6.1 性能试验

6.1.1 试验要求

性能试验测区长度不应小于 40 m，两端稳定区长分别不应小于 20 m。试验时，测两个往返行程，测前先收割一个行程。

6.1.2 单位面积应收牧草质量

按照 GB/T 10938—2008 中 7.2.3 规定的方法测定。

6.1.3 实际割幅

按照 GB/T 10938—2008 中 7.2.4.1 规定的方法测定。

6.1.4 割茬高度

按照 GB/T 10938—2008 中 7.2.4.2 规定的方法测定。

6.1.5 重割率

按照 GB/T 10938—2008 中 7.2.3 和 7.2.4.3 规定的方法测定。

6.1.6 超茬损失率

按照 GB/T 10938—2008 中 7.2.4.4 规定的方法测定。

6.1.7 漏割损失率

按照 GB/T 10938—2008 中 7.2.4.5 规定的方法测定。

6.1.8 碎草损失率

收获试验结束后,在每一行程内等间隔选取两块宽为实际割幅宽度,长为 0.5 m(割幅小于 2.5 m 时为 1 m)的地块,收集全部碎草,并称其质量,按式(1)计算。

$$S_s = \frac{G_s}{G_y} \times 100 \quad\quad\quad\quad\quad (1)$$

式中:

S_s ——碎草损失率,单位为百分率(%);

G_s ——单位面积碎草损失质量,单位为克每平方米(g/m²);

G_y ——单位面积应收牧草质量,单位为克每平方米(g/m²)。

6.1.9 漏草损失率

收获试验结束后,在每一行程内等间隔选取两块宽为实际割幅宽度,长为 0.5 m(割幅小于 2.5 m 时为 1 m)的地块,收集全部漏草,并称其质量,按式(2)计算。

$$S_l = \frac{G_l}{G_y} \times 100 \quad\quad\quad\quad\quad (2)$$

式中:

S_l ——漏草损失率,单位为百分率(%);

G_l ——单位面积漏草损失质量,单位为克每平方米(g/m²);

G_y ——单位面积应收牧草质量,单位为克每平方米(g/m²)。

6.1.10 集条宽度

收获试验结束后,在每一行程内等间隔选取两处草条,测量草条宽度,取其平均值为集条宽度。

6.1.11 压扁率

按照 GB/T 21899—2008 中 7.2.3.7 规定的方法测定。

6.1.12 作业速度

全割幅范围内作业测定通过测区的时间,按式(3)计算。

$$v = \frac{L}{t} \quad\quad\quad\quad\quad (3)$$

式中:

v ——牧草收获机作业速度,单位为米每秒(m/s);

L ——测定区长,单位为米(m);

t ——通过测定区时间,单位为秒(s)。

6.1.13 空载功率

牧草收获机工作部件总传动轴在额定转速下,测定工作部件总传动轴空载扭矩,测 3 次,计算工作部件总传动轴平均空载扭矩,按式(4)计算。

$$N_k = \frac{M_k n}{9550} \qu\quad\quad\quad\quad\quad (4)$$

式中:

N_k ——空载功率,单位为千瓦(kW);

M_k ——工作部件总传动轴平均空载扭矩,单位为牛米(N·m);

n ——工作部件总传动轴额定转速,单位为转每分(r/min)。

6.1.14 负载功率

牧草收获机在使用说明书规定的工作速度范围内作业时,工作部件总传动轴在额定转速下测定工作部件总传动轴负载扭矩,每一行程内测两次,计算工作部件总传动轴平均负载扭矩,按式(5)计算。

$$N_f = \frac{M_c n}{9550} \quad \cdots\cdots\cdots\cdots\cdots\cdots\cdots\cdots\cdots\cdots\cdots\cdots\cdots\cdots\cdots\cdots\cdots \quad (5)$$

式中：

N_f ——负载功率，单位为千瓦(kW)；

M_c ——工作部件总传动轴平均负载扭矩，单位为牛米(N·m)。

6.1.15 牵引功率

试验机组在牧草收获机使用说明书规定的工作速度范围内行进时，测定牧草收获机的牵引力，每一行程内测两次，计算平均牵引力，按式(6)计算。

$$N_q = \frac{P_q v}{1000} \quad \cdots\cdots\cdots\cdots\cdots\cdots\cdots\cdots\cdots\cdots\cdots\cdots\cdots\cdots\cdots\cdots\cdots \quad (6)$$

式中：

N_q ——牵引功率，单位为千瓦(kW)；

P_q ——平均牵引力，单位为牛顿(N)；

v ——机组行进速度，单位为米每秒(m/s)。

6.1.16 总功率消耗

牧草收获机的总功率消耗按式(7)计算。

$$N = N_f + N_q \quad \cdots\cdots\cdots\cdots\cdots\cdots\cdots\cdots\cdots\cdots\cdots\cdots\cdots\cdots\cdots \quad (7)$$

式中：

N——总功率，单位为千瓦(kW)。

6.1.17 每米割幅空载功率消耗

牧草收获机的每米割幅空载功率消耗按式(8)计算。

$$N_{kd} = \frac{N_k}{A} \quad \cdots\cdots\cdots\cdots\cdots\cdots\cdots\cdots\cdots\cdots\cdots\cdots\cdots\cdots\cdots\cdots \quad (8)$$

式中：

N_{kd} ——每米割幅空载功率消耗，单位为千瓦每米(kW/m)；

A ——实际割幅，单位为米(m)。

6.1.18 每米割幅总功率消耗

牧草收获机的每米割幅总功率消耗按式(9)计算。

$$N_d = \frac{N}{A} \quad \cdots\cdots\cdots\cdots\cdots\cdots\cdots\cdots\cdots\cdots\cdots\cdots\cdots\cdots\cdots\cdots \quad (9)$$

式中：

N_d ——每米割幅总功率消耗，单位为千瓦每米(kW/m)；

A ——实际割幅，单位为米(m)。

6.1.19 纯工作小时生产率

在测定牧草收获机工作速度的同时，测定纯工作小时生产率，按式(10)计算。

$$E = \frac{3.6 v A}{10} \quad \cdots\cdots\cdots\cdots\cdots\cdots\cdots\cdots\cdots\cdots\cdots\cdots\cdots \quad (10)$$

式中：

E——纯工作小时生产率，单位为公顷每小时(hm^2/h)。

6.1.20 噪声

自走式牧草收获机噪声按JB/T 6268规定的方法测定。

6.1.21 制动性能

自走式牧草收获机制动性能按GB/T 14248规定的方法测定。

6.1.22 运输间隙

将牧草收获机置于水平地面上,在运输状态测量最低点离地面的距离。

6.2 安全要求

按照本标准 5.2 的规定逐项检查。

6.3 装配、涂漆和外观质量

按照本标准 5.3 的规定逐项检查。

6.4 使用有效度

按照 GB/T 5667 的规定进行使用有效度考核,每台样机考核时间应不少于 120 h。使用有效度按式(11)计算。

$$K = \frac{\sum T_z}{\sum T_g + \sum T_z} \times 100 \quad\cdots\cdots (11)$$

式中:

K ——使用有效度,单位为百分率(%);

T_z ——生产考核期间的班次作业时间,单位为小时(h);

T_g ——生产考核期间每班次故障时间,单位为小时(h)。

6.5 切割器静平衡

按照 GB/T 9239.1 规定的方法测定。

6.6 使用说明书

审查使用说明书是否符合本标准 5.7 的规定。

6.7 "三包"凭证

审查产品"三包"凭证是否符合本标准 5.8 的规定。

6.8 标牌

检查产品标牌是否符合本标准 5.9 的规定。

7 检验规则

7.1 检验项目及不合格分类

检验项目按其对产品质量影响的程度分为 A、B、C 三类,不合格项目分类见表4。

表4 检验项目及不合格分类表

项目分类	序号	项目名称	割搂草机	悬挂式、牵引式割草压扁机	自走式割草压扁机	对应条款
A	1	安全要求	√	√	√	5.2
	2	割茬高度	√	√	√	5.1
	3	漏草损失率	√	√	√	5.1
	4	每米割幅总功率消耗	√	√	√	5.1
	5	使用有效度	√	√	√	5.5
	6	噪声	—	—	√	5.1
	7	制动性能	—	—	√	5.1
B	1	漏割损失率	√	√	√	5.1
	2	超茬损失率	√	√	√	5.1
	3	碎草损失率	√	√	√	5.1
	4	重割率	√	√	√	5.1
	5	实际割幅	√	√	√	5.1

表4（续）

项目分类	序号	项目名称	割搂草机	悬挂式、牵引式割草压扁机	自走式割草压扁机	对应条款
B	6	每米割幅空载功率消耗	√	√	√	5.1
	7	纯工作小时生产率	√	√	√	5.1
	8	压扁率	—	√	√	5.1
	9	切割器静平衡	—	√	√	5.6
	10	操作方便性	√	√	√	5.4
	11	"三包"凭证	√	√	√	5.8
C	1	使用说明书	√	√	√	5.7
	2	标牌	√	√	√	5.9
	3	集条宽度	√	√	√	5.1
	4	运输间隙	√	√	√	5.1
	5	空运转试验	√	√	√	5.3.1
	6	离合器工作性能	√	√	√	5.3.2
	7	操纵机构工作性能	√	√	√	5.3.3
	8	焊接质量	√	√	√	5.3.4
	9	涂漆和外观质量	√	√	√	5.3.5

7.2 抽样方案

7.2.1 抽样方案按照 GB/T 2828.11—2008 中表 B.1 制订,见表5。

7.2.2 根据抽样方案确定,抽样基数不少于10台,检验样机为1台。检验样机应在制造单位近1年内生产且自检合格的产品中随机抽取(其中,在用户中或销售部门抽样时不受抽样基数限制)。

表5 抽样方案

检 验 水 平	O
声称质量水平(DQL)	1
核查总体(N)	10
样本量(n)	1
不合格品限定数(L)	0

7.3 评定规则

7.3.1 样品合格判定

对样品的 A、B、C 各类检验项目进行逐一检验和判定,当 A 类不合格项目数为0,当 B 类不合格项目数不超过 2,C 类不合格项目数不超过 3,判定样品为合格产品;否则判定样品为不合格产品。

7.3.2 综合判定

若样机为合格品(即样本的不合格品数不大于不合格品限定数),则判为通过;若样机为不合格品(即样本的不合格品数大于不合格品限定数),则判为不通过。

附 录 A

（规范性附录）

产品规格确认

产品规格确认见表 A.1。

表 A.1 产品规格确认

序 号	项 目	单位	规 格
1	规格型号	/	
2	结构型式	/	
3	挂接方式	/	
4	配套动力范围	kW	
5	外形尺寸(长×宽×高)	mm	
6	结构质量	kg	
7	切割器宽度	m	
8	集条宽度	m	
9	作业速度	km/h	
10	切割器结构型式	/	
11	搂草器结构型式	/	
12	压扁器结构型式	/	

ICS 65.040.10
B 92

中华人民共和国农业行业标准

NY/T 2459—2013

挤奶机械 质量评价技术规范

Technical specifications of quality evaluation for milking machine installations

2013-09-10 发布   2014-01-01 实施

中华人民共和国农业部 发布

前　　言

本标准按照 GB/T 1.1—2009 给出的规则起草。

本标准由农业部农业机械化管理司提出。

本标准由全国农业机械标准化技术委员会农业机械化分技术委员会(SAC/TC 201/SC2)归口。

本标准起草单位:农业部农业机械试验鉴定总站、上海伐利牧业技术设备有限公司。

本标准主要起草人:徐子晟、金红伟、张健、陈立丹、王国梁、杜金、杨瑶、王春明。

挤奶机械　质量评价技术规范

1　范围

本标准规定了挤奶机械的基本要求、质量要求、检测方法和检验规则。

本标准适用于移动式、管道式和厅式挤奶机械的质量评定。

2　规范性引用文件

下列文件对于本文件的应用是必不可少的。凡是注日期的引用文件,仅注日期的版本适用于本文件。凡是不注日期的引用文件,其最新版本(包括所有的修改单)适用于本文件。

GB/T 2828.11—2008　计数抽样检验程序　第 11 部分:小总体声称质量水平的评定程序

GB/T 5667—2008　农业机械　生产试验方法

GB/T 5981—2011　挤奶设备　词汇

GB/T 8186—2011　挤奶设备　结构与性能

GB/T 8187—2011　挤奶设备　试验方法

GB/T 9480　农林拖拉机和机械、草坪和园艺动力机械　使用说明书编写规则

GB 10396　农林拖拉机和机械、草坪和园艺动力机械　安全标志和危险图形　总则

GB/T 13306　标牌

GB 16798　食品机械　安全卫生

3　术语和定义

GB/T 5981—2011 界定的术语和定义适用于本文件。

4　基本要求

4.1　质量评价所需的文件资料

对挤奶机械进行质量评价所需提供的文件资料应包括:

a)　产品规格确认表(见附录 A);

b)　企业产品执行标准或产品制造验收技术条件;

c)　产品使用说明书;

d)　"三包"凭证;

e)　样机照片。

4.2　主要技术参数核对与测量

依据产品使用说明书、标牌和其他技术文件,对样机的主要技术参数按表1进行核对或测量。

表 1　核测项目与方法

序号	项　目	方法
1	规格型号	核对
2	型式	核对
3	真空泵台数	核对
4	真空泵额定真空度	核对
5	真空泵额定转速	核对
6	真空泵额定空气流量	核对

表 1（续）

序号	项　目	方法
7	挤奶杯组数	核对
8	工作真空度	测量
9	脉动器型式	核对
10	脉动频率	核对
11	脉动比率	核对
12	计量方式	核对
13	脱杯方式	核对

4.3　试验条件

4.3.1　企业应准备与检验仪器相配套的接口装置（根据挤奶机械种类不同，按照 GB/T 5981—2011 中图 1、图 2 和图 3 的规定布点）。

4.3.2　试验前，启动真空泵，使挤奶设备处于挤奶工作状态，并将所有挤奶装置连接起来。安装符合 GB/T 8187—2011 中 4.9 规定的奶杯塞，并将所有的控制部件（如奶杯组自动脱落系统）置于工作状态。连接所有与挤奶设备有关的真空装置（包括挤奶时不工作的装置）。

4.3.3　在进行各种试验前，真空泵应至少运转 15 min。

4.3.4　样机应与制造厂提供的使用说明书相符，且有检验合格证。按使用说明书的要求调整到最佳工作状态。

4.3.5　试验环境温度应为 0℃～40℃。

4.3.6　试验电压应符合额定电压要求，偏差不超过±5%。

4.4　主要仪器设备

试验用仪器设备应通过校准或检定合格，并在有效期内。仪器设备的量程、测量准确度及被测参数准确度要求应满足表 2 规定。

表 2　主要试验用仪器设备测量范围和准确度要求

被测参数名称	测量范围	准确度要求
真空度	0 kPa～100 kPa	0.6 kPa
大气压力	80 kPa～105 kPa	1 kPa
排气口压力	80 kPa～130 kPa	1 kPa
空气流量	0 L/min～5 000 L/min	5% 与 1 L/min 中较大者
脉动频率	0 次/min～100 次/min	1 次/min
脉动比率	0%～100%	1%

5　质量要求

5.1　性能要求

挤奶机械性能应符合表 3 规定。

表 3　性能指标要求

序号	项　目	质量指标	对应的检测方法条款号
1	真空泵有效储备量，L/min	移动式挤奶机： ≥80+25n(2≤n≤10) ≥230+10n(n>10) 挤奶厅、管道式挤奶机： ≥200+30n(2≤n≤10) ≥400+10n(n>10)	6.1.1

表 3（续）

序号	项 目		质量指标	对应的检测方法条款号
2	真空泵生产能力，L/min		移动式挤奶机： $\geq 80+60n(2\leq n\leq 10)$ $\geq 330+45n(n>10)$ 挤奶厅、管道式挤奶机： $\geq 200+65n(2\leq n\leq 10)$ $\geq 500+55n(n>10)$	6.1.2
3	脉动系统	脉动频率，次/min	设定值±5%	6.1.6
		脉动比率，%	设定值±5	
		脉动相位	$B\geq 30\%,D\geq 150$ ms，不对称性$\leq 5\%$	
4	真空系统泄漏量，L/min		$\leq$工作真空度下泵生产能力的5%	6.1.4
5	输奶系统泄漏量，L/min		移动式挤奶机$\leq 10+n$ 挤奶厅、管道式挤奶机$\leq 10+2n$	6.1.5
6	管路真空降，kPa		真空泵与位于或靠近连接点 A1 的测量点之间的真空降≤ 3，调节器的传感点与位于或靠近集乳瓶的测量点之间的真空降≤ 1，位于或靠近连接点 A1 的测量点工作真空度与脉动室最大真空度间的真空降≤ 2	6.1.7
7	调节器灵敏度，kPa		≤ 1	6.1.3

注：n 为挤奶杯组数，B 为最大真空时相，D 为最小真空时相。

5.2 安全要求

5.2.1 电气设备和机械设备的裸露导体零件（包括机座）应接地，配套设备应有接地和漏电保护装置。

5.2.2 所有受真空影响组件应能承受住最少 90 kPa 的真空度而不会产生塑性变形，如使用受损后可能产生危险的材料，如玻璃，应设计为 5 倍的安全系数的抗外压能力（5×90 kPa）。

5.2.3 电机与真空泵外露旋转部件应有安全防护装置。设备各零部件的连接应牢固可靠。

5.2.4 真空泵排气管等高温部位应有防烫标志；电控操作系统应有防触电标志。所有标志应符合 GB 10396 的规定。接地端子处应有接地标识。

5.2.5 人和动物经常接触的地方，应有防夹保护装置，如转盘进出口等，且不应有引起伤害的尖角。

5.2.6 使用说明书应明示安全警示标志、安全操作装置的提示及其他必要的安全提示或要求内容。

5.3 卫生要求

5.3.1 与奶液接触的材料应符合食品接触表面要求，所有与奶液接触的表面不应有刻纹或压花处理。

5.3.2 挤奶设备中与奶液或清洁液、消毒液接触的设备部件，不应使用铜或铜合金材质。

5.3.3 与牛奶接触的材料应该能耐受清洗消毒液，也能耐受牛奶脂肪。

5.3.4 所有与牛奶接触的零部件材质应符合 GB 16798 的规定。

5.4 装配质量

5.4.1 移动式挤奶机整机出厂，装配质量符合 GB/T 8186—2011 的规定。

5.4.2 安装说明中应至少提供下列说明：

    a) 装配尺寸、空间要求和建筑关键尺寸；

    b) 各部件推荐的使用环境条件；

    c) 最小供电和接地要求；

    d) 最小供水和排水要求；

    e) 压缩空气系统额定工作压力和容量；

    f) 清洗时的耗气量和真空度；

g) 真空驱动辅助设备的最小耗气量。

5.4.3 测试接口应符合 GB/T 8186—2011 中 4.2 的规定。

5.4.4 真空系统应具备控制真空度的能力,确保乳头端部真空度保持在设计范围内。

5.4.5 真空泵应配备自动保护装置,以防止空气由排气管向真空泵倒流污染输奶系统;排气管路上不应有阻碍气体排出的急转管头、三通或不适宜的消音器,应有措施减少从真空泵排到环境中的油;应有措施防止排气管路中的凝结水回流真空泵,排气管口不应安装在食品储存或加工以及人或动物出现的封闭场所。

5.4.6 真空调节器应符合 GB/T 8186—2011 中 5.4.2 的规定。

5.4.7 真空表的安装应确保操作者在挤奶时观察其示值。

5.4.8 真空管路应确保当真空关闭时能够自排,真空管路的内径应足够大,满足 GB/T 8186—2011 中附录 B 给出的参考值,保证管路真空度下降不会严重影响挤奶作业。

5.4.9 稳压罐应安装在真空泵与真空调节器之间,且靠近真空泵的一端。除安装测试需要接口或安全阀接口外,在稳压罐和真空泵之间不应有其他接口。

5.4.10 气液分离器应有排污装置防止液体进入真空泵。气液分离器应保证在挤奶机械运行时,操作者能够检查是否有奶或水进入。

5.4.11 奶管路设计应符合 GB/T 8186—2011 中 7.2 的规定;应提供必要设施,保证受限奶、异常奶和非预期奶与正常奶分离。

5.4.12 集乳罐应有足够的容量以缓和在挤奶和清洗过程中可能形成的浪涌,集乳罐的进口应尽量少的产生牛奶泡沫。

5.4.13 排奶泵的控制应避免集乳罐奶液溢出或造成奶气混合。

5.4.14 输奶管路安装应符合 GB/T 8186—2011 中 7.9 的规定。

5.4.15 通过挤奶杯组或奶杯的气流应有效控制。脱杯之前应有措施关闭挤奶杯中的真空。不挤奶时应能关闭内套的真空。

5.4.16 清洗系统应确保清洗剂和消毒液不会进入奶中。

5.5 外观质量

5.5.1 机器表面不应有图样未规定的明显凸起、凹陷;不应有磕碰和锈蚀等缺陷。

5.5.2 焊接件的焊缝应平整光滑,不应有烧焊、漏焊、焊渣和飞溅等缺陷。

5.6 标牌

5.6.1 应在挤奶厅或机械明显位置固定产品标牌,其规格、材质应符合 GB/T 13306 的规定,内容齐全,字迹清晰,固定牢靠。

5.6.2 标牌至少应明示产品商标和型号名称、制造厂名称、脉动频率、工作真空度、生产日期和产品编号等。

5.7 使用有效度

挤奶机械使用有效度 K 不小于 90%。如果发生重大质量故障,生产试验不再继续进行,可靠性评价结果为不合格。重大质量故障是指导致机具功能完全丧失、危及作业安全、造成人身伤亡或重大经济损失的故障,以及主要零部件或重要总成(如:真空泵、脉动器、集乳器和奶泵等结构件)损坏、报废,导致功能严重下降,难以正常作业的故障。

5.8 使用说明书

5.8.1 使用说明书的编制应符合 GB/T 9480 的规定。

5.8.2 使用说明书应包括以下内容:

a) 安全警示标志、标识的样式,明确表示粘贴位置;

b) 主要用途和适用范围；

c) 主要技术参数；

d) 正确的安装与调试方法；

e) 操作说明；

f) 安全注意事项；

g) 维护与保养要求；

h) 常见故障及排除方法；

i) 产品三包内容，也可单独成册；

j) 易损件清单；

k) 产品执行标准代号。

5.9 "三包"凭证

5.9.1 挤奶机械应有"三包"凭证，"三包"凭证应符合国家有关部门的规定，并应包括以下内容：

a) 产品名称、规格、型号和出厂编号；

b) 配套动力的牌号、型号、名称及出厂编号；

c) 生产企业名称、地址、售后服务联系电话和邮政编码；

d) 修理者名称、地址、电话和邮政编码；

e) 整机"三包"有效期；

f) 主要零部件"三包"有效期；

g) 主要零部件清单；

h) 修理记录表；

i) 不实行"三包"的情况说明。

5.9.2 整机"三包"有效期应不少于1年。

5.9.3 主要零部件质量保证期应不少于1年。

6 检测方法

6.1 性能试验

6.1.1 真空泵有效储备量

按照GB/T 8187—2011中5.2.5规定的方法进行测量。

6.1.2 真空泵生产能力

按照GB/T 8187—2011中5.3规定的方法进行测量。

6.1.3 调节器灵敏度

按照GB/T 8187—2011中5.2.2规定的方法进行测量。

6.1.4 真空系统泄漏量

按照GB/T 8187—2011中5.9规定的方法进行测量。

6.1.5 输奶系统泄漏量

按照GB/T 8187—2011中7.2规定的方法进行测量。

6.1.6 脉动系统

按照GB/T 8187—2011中6.2规定的方法进行测量，前后乳区有不同脉动比率的挤奶杯组单元除外。

6.1.7 管路真空降

按照GB/T 8187—2011中5.6规定的方法进行测量。

6.2 安全性检查

按本标准 5.2 的规定逐项检查,其中任一项不合格,判安全要求不合格。

6.3 卫生要求

按本标准 5.3 的规定逐项检查,其中任一项不合格,判卫生要求不合格。与奶液接触材料的卫生安全证明可由企业提供具有资质单位出具。

6.4 整机装配质量检查

按本标准 5.4 的规定进行逐项检查,其中任一项不合格,判整机装配质量不合格。

6.5 外观质量检查

按本标准 5.5 的规定进行逐项检查,其中任一项不合格,判外观质量不合格。

6.6 标牌

按本标准 5.6 的规定进行逐项检查,其中任一项不合格,判标牌不合格。

6.7 使用有效度测定

按 GB/T 5667 的规定进行使用有效度考核。考核时间应不少于 100 h。使用有效度按式(1)计算。

$$K = \frac{T_z}{T_z + T_g} \times 100 \quad \cdots\cdots\cdots\cdots\cdots\cdots\cdots\cdots\cdots\cdots\cdots\cdots \quad (1)$$

式中:

K——使用有效度,单位为百分率(%);

T_z——生产考核期间的总作业时间,单位为小时(h);

T_g——生产考核期间的总故障时间,单位为小时(h)。

6.8 使用说明书审查

按本标准 5.8 的规定逐项检查,其中任何一项不合格,判使用说明书不合格。

6.9 "三包"凭证审查

按本标准 5.9 的规定逐项检查,其中任何一项不合格,判"三包"凭证不合格。

7 检验规则

7.1 不合格项目分类

检验项目按其对产品质量影响的程度分为 A、B 两类,不合格项目分类见表 4。

表 4 检验项目及不合格分类

项目分类	序号	项目名称	对应质量要求条款
A	1	安全要求	5.2
	2	卫生要求	5.3
	3	真空泵有效储备量	5.1
	4	真空泵生产能力	5.1
	5	脉动系统	5.1
B	1	使用有效度[a]	5.7
	2	真空系统泄漏量	5.1
	3	挤奶系统泄漏量	5.1
	4	管路真空降	5.1
	5	调节器灵敏度	5.1
	6	使用说明书	5.8
	7	"三包"凭证	5.9
	8	装配质量	5.4
	9	外观质量	5.5
	10	标牌	5.6
[a] 在监督性检查中,可不考核使用有效度指标。			

7.2 抽样方案

抽样方案按照 GB/T 2828.11—2008 中表 B.1 制定,见表 5。

表5 抽样方案

检验水平	O
声称质量水平(DQL)	1
核查总体(N)	10
样本量(n)	1
不合格品限定数(L)	0

7.3 抽样方法

根据抽样方案确定,抽样基数为 10 套,被检样品为 1 套,样品在制造单位生产的合格产品中随机抽取(其中,在用户中和销售部门抽样时不受抽样基数限制)。样品应是一年内生产的产品。

7.4 判定规则

7.4.1 样品合格判定

对样品的 A、B 各类检验项目进行逐一检验和判定,当 A 类不合格项目数为 0、B 类不合格项目数不超过 2 时,判定样品为合格产品;否则判定样品为不合格品。

7.4.2 综合判定

若样品为合格品(即样品的不合格品数不大于不合格品限定数),则判通过;若样品为不合格品(即样品的不合格品数大于不合格品限定数),则判不通过。

附 录 A

（规范性附录）

产品规格确认

产品规格确认见表 A.1。

表 A.1 产品规格确认

序号	项 目	单 位	规 格
1	名称	/	
2	规格型号	/	
3	型式	/	
4	真空泵台数	台	
5	真空泵额定真空度	kPa	
6	真空泵额定转速	r/min	
7	真空泵额定空气流量	L/min	
8	挤奶杯组数	组	
9	工作真空度	kPa	
10	脉动器型式	/	
11	脉动频率	次/min	
12	脉动比率	%	
13	计量方式	/	
14	脱杯方式	/	

ICS 65.040.20
B 93

中华人民共和国农业行业标准

NY/T 2460—2013

大米抛光机 质量评价技术规范

Technical specifications of quality evaluation for rice polishing machines

2013-09-10 发布

2014-01-01 实施

中华人民共和国农业部 发布

前　言

本标准按照 GB/T 1.1—2009 给出的规则起草。

本标准由农业部农业机械化管理司提出。

本标准由全国农业机械标准化技术委员会农业机械化分技术委员会(SAC/TC 201/SC 2)归口。

本标准起草单位:辽宁省农机质量监督管理站、山东同泰集团股份有限公司。

本标准主要起草人:白阳、任峰、李伟红、赵伟、丁宁、段洪军、马兴、吴义龙。

大米抛光机 质量评价技术规范

1 范围

本标准规定了大米抛光机产品质量要求、检验方法和检验规则。

本标准适用于大米抛光机(以下简称抛光机)的产品质量评定。

2 规范性引用文件

下列文件对于本文件的应用是必不可少的。凡是注日期的引用文件,仅注日期的版本适用于本文件。凡是不注日期的引用文件,其最新版本(包括所有的修改单)适用于本文件。

GB 1354—2009 大米

GB/T 2828.11—2008 计数抽样检验程序 第11部分:小总体声称质量水平的评定程序

GB/T 3768—1996 声学 声压法测定噪声源声功率级 反射面上方采用包络测量表面的简易法

GB/T 5491 粮食、油料检验 扦样、分样法

GB/T 5494—2009 粮油检验 粮食、油料的杂质、不完善粒检验

GB/T 5497 粮食、油料检验 水分测定法

GB/T 5502 粮油检验 米类加工精度检验

GB/T 5503 粮油检验 碎米检验法

GB/T 5667 农业机械生产试验方法

GB/T 6971—2007 饲料粉碎机 试验方法

GB/T 9239.1—2006 机械振动 恒态(刚性)转子平衡品质要求 第1部分:规范与平衡允差的检验

GB/T 9480 农林拖拉机和机械、草坪和园艺动力机械 使用说明书编写规则

GB 10396 农林拖拉机和机械、草坪和园艺动力机械 安全标志和危险图形 总则

GB/T 12620—2008 长圆孔、长方孔和圆孔筛板

GB 16798—1997 食品机械安全卫生

GB 23821 机械安全 防止上下肢触及危险区的安全距离

JB/T 9832.2—1999 农林拖拉机及机具 漆膜附着性能测定方法 压切法

3 基本要求

3.1 质量评价所需的文件资料

对抛光机进行质量评价所需要提供的文件资料应包括:

a) 产品规格确认表(见附录A),并加盖企业公章;

b) 企业产品执行标准或产品制造验收技术条件;

c) 产品使用说明书;

d) "三包"凭证;

e) 样机照片(应能充分反映样机特征)。

3.2 主要技术参数核对与测量

依据产品使用说明书、铭牌和其他技术文件,对样机的主要技术参数按表1进行核对或测量。

NY/T 2460—2013

表1 核测项目与方法

序号	项 目	方 法
1	规格型号	核对
2	结构型式	核对
3	配套功率	核对
4	整机质量	核测
5	整机外形尺寸(长×宽×高)	核测
6	抛光辊数量	核对
7	抛光辊排列方式[a]	核对
8	抛光辊尺寸(外径×长度)	核测
9	主轴转速	核测

[a] 当抛光机具有2根或2根以上抛光辊时,各抛光辊之间的排列有并联或者串联两种方式。并联方式是指各抛光辊之间相对独立,单独进行抛光作业。串联方式是指大米经第一根抛光辊抛光后,再逐次进入下根抛光辊进行抛光作业。

3.3 试验条件

3.3.1 试验场地应符合 GB/T 3768—1996 中附录 A 的规定。样机及辅助设备的安装应符合使用说明书要求。

3.3.2 试验环境温度应为5℃～40℃。

3.3.3 试验动力应采用电动机。试验电压应符合额定电压,偏差不应超过±5%。

3.3.4 试验样机应按使用说明书要求进行调整和维护保养。

3.3.5 试验物料应为未经抛光处理,且符合 GB 1354—2009 中表1规定的三级或四级籼米或粳米中的一种。

3.4 主要仪器设备

试验用仪器设备应通过校准或检定合格,并在有效期内。仪器设备的量程、测量准确度及被测参数准确度要求应不低于表2规定。

表2 主要仪器设备测量范围和准确度要求

测量参数名称		测量范围	准确度要求
质量	耗电量	0 kW·h～500 kW·h	2.0级
	试验物料及成品大米质量	0 kg～100 kg	50 g
	其他样品质量	0 g～2 000 g	0.01 g
时间		0 h～24 h	0.5 s/d
噪声		30 dB(A)～130 dB(A)	2级
电阻		0 MΩ～500 MΩ	2.5级
温度		0℃～100℃	1%
粉尘浓度		0 mg/m³～30 mg/m³	10%

4 质量要求

4.1 性能要求

抛光机性能及成品大米加工质量应符合表3的规定。

表3 性能及成品大米加工质量指标

序号	项 目	质量指标		对应的检测方法条款号
1	吨料电耗,kW·h/t	单辊或多辊并联	≤12	5.1.2
		多辊串联	≤20	

134

表 3（续）

序号	项目		质量指标		对应的检测方法条款号
2	粉尘浓度,mg/m³		≤10		5.1.3
3	噪声,dB(A)		≤90		5.1.4
4	大米损失率,%	单辊或多辊并联	≤0.6		5.1.2
		多辊串联	≤1.0		
5	生产率,kg/h		不低于企业明示值		5.1.2
6	成品大米温升,℃		≤15		5.1.6
7	轴承温升,℃		≤25		5.1.7
8	成品大米加工质量	表面质量	加工精度应不低于 GB 1354—2009 中 3.1 规定的一级,且米粒表面应光滑、亮泽		5.1.5.2
		增碎率,%	籼米	≤4	5.1.5.3
			粳米	≤2	
		水分增加值,%	≤0.3		5.1.5.4
		糠粉含量,%	≤0.1		5.1.5.5

4.2 安全要求

4.2.1 外露运转件应有安全防护装置。防护装置应有足够强度、刚度,保证在正常使用中不产生裂缝、撕裂或永久变形。防护装置的安全距离应符合 GB 23821 的规定。

4.2.2 可能影响人身安全的部位应有符合 GB 10396 规定的安全标志。

4.2.3 在常态下,各电动机接线端子与抛光机机体间的绝缘电阻应不小于 1 MΩ。

4.2.4 电控柜的布线应整齐、清晰、合理,应有过载保护装置和漏电保护装置,应有醒目的防触电安全标志,操纵按钮处应用中文文字或符号标志标明用途。

4.2.5 抛光辊、筛片等与大米接触部件的制作材料应符合 GB 16798—1997 中 4.1 和 4.2 的规定。

4.3 装配质量

4.3.1 各紧固件、联接件应牢固可靠、不松动。

4.3.2 各运转件应转动灵活、平稳,不应有异常震动、异常声响及卡滞现象。

4.3.3 密封部位应密封可靠,不应有漏糠、漏米和漏水现象。

4.4 外观质量

样机表面应平整光滑,不应有碰伤、划伤痕迹及制造缺陷。油漆表面应色泽均匀,不应有露底、起泡、起皱和流挂现象。

4.5 漆膜附着力

符合 JB/T 9832.2—1999 中表 1 规定的 Ⅱ 级或 Ⅱ 级以上要求。

4.6 操作方便性

4.6.1 各润滑油注入点应设计合理,保证保养时,不受其他部件和设备的阻碍。

4.6.2 原料的添加及成品收集应便于操作,不受阻碍。

4.6.3 各操纵机构及控制按钮等位置应设置合理,且应灵活、可靠。

4.7 使用有效度

抛光机使用有效度应不低于 95%。

4.8 使用说明书

使用说明书的编制应符合 GB/T 9480 的规定,且应至少包括以下内容:

a) 安全警告标志、标识的样式,明确表示粘贴位置;

b) 主要用途和适用范围;

135

c) 主要技术参数；

d) 正确的安装与调试方法；

e) 操作方法；

f) 安全注意事项；

g) 维护与保养要求；

h) 常见故障及排除方法；

i) 易损件清单；

j) 产品执行标准。

4.9 "三包"凭证

抛光机应有"三包"凭证。"三包"凭证应包括以下内容：

a) 产品品牌（如有）、型号规格、购买日期和产品编号；

b) 生产者名称、联系地址和电话；

c) 已经指定销售者和修理者的，应有销售者和修理者的名称、联系地址、电话和"三包"项目；

d) 整机"三包"有效期（不低于1年）；

e) 主要零部件名称和质量保证期（不低于1年）；

f) 易损件及其他零部件名称和质量保证期；

g) 销售记录（包括销售者、销售地点、销售日期和购机发票号码）；

h) 修理记录（包括送修时间、交货时间、送修故障、修理情况和换退货证明）；

i) 不承担"三包"责任的情况说明。

4.10 关键零件质量

4.10.1 关键零件包括轴类、轴承座和抛光辊等机械加工件及筛片等。

4.10.2 机械加工件质量符合制造单位技术文件要求，抛光辊的平衡精度应不低于 GB/T 9239.1—2006 中表 1 规定的 G16 级，筛片质量符合 GB/T 12620—2008 中第 5 章的规定。其检验项次合格率应不低于 90 %。

4.11 铭牌

4.11.1 抛光机应有铭牌，且固定在明显位置。

4.11.2 铭牌应至少包括以下内容：产品型号、产品名称、配套功率、生产率、主轴转速、出厂编号、出厂日期和制造单位。

5 检验方法

5.1 性能试验

5.1.1 试验要求

5.1.1.1 试验前，按照 GB/T 5491 的规定在准备的试验物料中抽取样品。按照 GB/T 5502 的规定检验试验物料加工精度；按照 GB/T 5503 的规定检验试验物料中碎米总量及其中小碎米率；按照 GB/T 5494—2009 中 6.2 和 7.2 的规定检验试验物料中不完善粒含量、杂质总量、糠粉含量、矿物质、带壳稗粒和稻谷粒。按照 GB 1354—2009 中 5.1.1 的规定确定试验物料等级。按照 GB/T 5497 的规定检验试验物料水分。

5.1.1.2 试验过程中，除饮用水外不应添加其他物质。

5.1.1.3 负载试验时间不少于 30 min。试验前，根据样机额定生产率计算并准确称量足够的试验物料。

5.1.1.4 样机应进行不少于 5 min 的空运转，检查各运转件是否工作正常、平稳。

5.1.1.5 空运转结束后，开始添加试验物料进行调试，并按使用说明书规定将样机调试至正常工作状态,并负载功率不超过配套总功率的110%。在保持上述工作状态不变的情况下,工作5 min后,开始负载试验。

5.1.2 吨料电耗、生产率和大米损失率

待调试用试验物料全部通过进料闸门的瞬间,开始加入已称量的试验物料,同时开始累计耗电量和试验时间,并同时在大米出口接取成品大米。待称量的试验物料全部通过进料闸门的瞬间,停止累计耗电量和试验时间及成品大米的接取。记录耗电量和试验时间,并称量接取的成品大米(包括成品大米样品)质量。分别按式(1)、式(2)、式(3)计算吨料电耗、生产率和大米损失率,结果保留1位小数。

$$Q = \frac{N}{G} \times 1\,000 \quad\quad\quad\quad\quad\quad\quad\quad\quad (1)$$

式中:

Q——吨料电耗,单位为千瓦小时每吨(kW·h/t);

N——耗电量,单位为千瓦小时(kW·h);

G——称量的试验物料质量,单位为千克(kg)。

$$E = \frac{G}{T} \times 60 \quad\quad\quad\quad\quad\quad\quad\quad\quad (2)$$

式中:

E——生产率,单位为千克每小时(kg/h);

T——试验时间,单位为分(min)。

$$C = \left[1 - \frac{(1-\alpha_c)G_c}{(1-\alpha)G} \right] \times 100 \quad\quad\quad\quad\quad\quad (3)$$

式中:

C——大米损失率,单位为百分率(%);

α_c——成品大米水分,单位为百分率(%);

G_c——接取的成品大米质量,单位为千克(kg);

α——试验物料水分,单位为百分率(%)。

5.1.3 粉尘浓度

负载试验10 min后,开始粉尘浓度测定。分别测定进料口处和成品大米出口处的粉尘浓度。测点位于距地面1.5 m、距进料口或成品大米出口1 m处。按照GB/T 6971—2007中5.1.6的规定进行测量和计算;或采用粉尘浓度速测仪进行测定,每点至少测量3次,分别计算各点粉尘浓度平均值。以各测点的最大粉尘浓度值作为测量结果,结果保留1位小数。

5.1.4 噪声

5.1.4.1 按照GB/T 3768—1996的规定测量。选择平行六面体测量表面,测量距离为1 m,测点数量和位置按照GB/T 3768—1996中附录C的规定确定,但样机上方的测点可以省略。

5.1.4.2 负载试验5 min后,开始测量各测点的A计权声压级,每间隔10 min测量1次,共测量3次,计算每点平均值。按照GB/T 3768—1996中式(4)、式(5)、式(6)和式(7)计算A计权表面声压级,作为测量结果,结果保留1位小数。

5.1.5 成品大米加工质量

5.1.5.1 取样

负载试验5 min后,开始在成品大米出口横断接取成品大米样品,每间隔10 min接取1次,每次接取后样品应立即放入密封装置中密封保存,共接取3次,每次接取样品不少于500 g。将3次接取的样品充分混合用于成品大米加工质量测定。

5.1.5.2 成品大米表面质量

按照GB/T 5502的规定检验成品大米加工精度。并用成品大米样品与试验物料样品进行对比,用

5 倍的放大镜观察成品大米表面的光滑和亮泽程度是否有明显提高。

5.1.5.3 成品大米增碎率

按照 GB/T 5503 的规定测定成品大米中碎米总量。计算成品大米中碎米总量与试验物料中碎米总量的差值,即为成品大米增碎率,结果保留 1 位小数。

5.1.5.4 成品大米水分增加值

按照 GB/T 5497 的规定测定成品大米水分。计算成品大米水分与试验物料水分的差值,即为成品大米水分增加值,结果保留 2 位小数。

5.1.5.5 成品大米糠粉含量

按照 GB/T 5494—2009 中 7.2.1 的规定测定成品大米中糠粉含量,结果保留 2 位小数。

5.1.6 成品大米温升

在负载试验前用点温计测量试验物料温度;当负载试验进行到 25 min 时,在成品大米出口用点温计测量成品大米温度,至少测量 3 次,取平均值。计算成品大米温度平均值与试验物料温度差值即为测定结果,结果保留 1 位小数。

5.1.7 轴承温升

负载试验结束时,用点温计测量抛光机主轴各轴承座外壳温度,计算各轴承座外壳温度与环境温度差值,取最大值作为测量结果,结果保留 1 位小数。

5.2 安全要求

5.2.1 检查样机是否符合本标准 4.2.1、4.2.2、4.2.4 和 4.2.5 的规定。

5.2.2 用绝缘电阻测量仪施加 500 V 电压,测量各电动机接线端子与机体间的绝缘电阻值。

5.3 装配质量

在试验过程中,观察样机是否符合本标准 4.3 的规定。

5.4 外观质量

采用目测法检查样机是否符合本标准 4.4 的规定。

5.5 漆膜附着力

在样机表面各任选 3 处,按照 JB/T 9832.2—1999 的规定进行检查。

5.6 操作方便性

通过实际操作,观察样机是否符合本标准 4.6 的规定。

5.7 使用有效度

按照 GB/T 5667 的规定进行使用有效度考核,考核时间应不少于 100 h。使用有效度按式(4)计算。

$$K_c = \frac{\sum T_z}{\sum T_g + \sum T_z} \times 100 \cdots\cdots\cdots\cdots\cdots\cdots\cdots\cdots\cdots\cdots\cdots\cdots (4)$$

式中:

K_c——使用有效度,单位为百分率(%);

T_z——生产考核期间的每班次作业时间,单位为小时(h);

T_g——生产考核期间的每班次故障时间,单位为小时(h)。

5.8 使用说明书

审查使用说明书是否符合本标准 4.8 的规定。

5.9 "三包"凭证

审查"三包"凭证是否符合本标准 4.9 的规定。

5.10 关键零件质量

5.10.1 在制造单位合格品区或半成品库中随机抽取关键零件。其中,抽取筛片2片;抽取机械加工件不少于3种,每种不少于2件。

5.10.2 机械加工件和筛片的检验总项次数应不少于40项次。按制造单位的技术文件要求检验机械加工件的尺寸公差或形位公差等;按照GB/T 9239.1—2006中规定的方法检验抛光辊的双面平衡精度;按照GB/T 12620—2008中5.1、6.2、6.3、6.4和附录A的规定检验筛片质量。

5.11 铭牌

检查铭牌是否符合本标准4.11的规定。

6 检验规则

6.1 不合格项目分类

检验项目按其对产品质量影响的程度分为A、B、C三类,不合格项目分类见表4。

表4 检验项目及不合格分类表

项目分类	序号	项目名称	对应的质量要求的条款
A	1	安全要求	4.2
	2	大米损失率	4.1
	3	噪声	4.1
	4	吨料电耗	4.1
	5	成品大米表面质量	4.1
B	1	粉尘浓度	4.1
	2	使用有效度	4.7
	3	生产率	4.1
	4	关键零件检验项次合格率	4.10.2
	5	"三包"凭证	4.9
	6	成品大米增碎率	4.1
	7	成品大米温升	4.1
	8	成品大米水分增加值	4.1
	9	成品大米糠粉含量	4.1
C	1	轴承温升	4.1
	2	装配质量	4.3
	3	使用说明书	4.8
	4	外观质量	4.4
	5	漆膜附着力	4.5
	6	操作方便性	4.6
	7	铭牌	4.11

6.2 抽样方案

抽样方案按照GB/T 2828.11—2008中表B.1制定,见表5。

表5 抽样方案

检验水平	O
声称质量水平(DQL)	1
核查总体(N)	10
样本量(n)	1
不合格品限定数(L)	0

6.3 抽样方法

根据抽样方案确定,抽样基数为10台,检验样机为1台。检验样机应在制造单位近1年内生产且自检合格的产品中随机抽取(其中,在用户中或销售部门抽样时不受抽样基数限制)。

6.4 判定规则

6.4.1 样机合格判定

对样机的 A、B、C 各类检验项目进行逐一检验和判定。当 A 类不合格项目数为 0,B 类不合格项目数为 1,C 类不合格项目数不超过 2 时,或者当 A 类和 B 类不合格项目数均为 0,C 类不合格项目数不超过 3 时,判定样机为合格品;否则判定样机为不合格品。

6.4.2 综合判定

若样机为合格品(即样本的不合格品数不大于不合格品限定数),则判为通过;若样机为不合格品(即样本的不合格品数大于不合格品限定数),则判为不通过。

附　录　A
（规范性附录）
产品规格确认

产品规格确认见表 A.1。

表 A.1　产品规格确认

序号	项　目	单位	规　格
1	规格型号	/	
2	结构型式	/	
3	配套功率	kW	
4	结构质量	kg	
5	整机外形尺寸(长×宽×高)	mm	
6	抛光辊数量	根	
7	抛光辊排列方式	/	
8	抛光辊尺寸(外径×长度)	mm	
9	主轴转速	r/min	

ICS 65.060.50
B 91

中华人民共和国农业行业标准

NY/T 2461—2013

牧草机械化收获作业技术规范

Technical specifications of mechanized harvesting operation for forage grass

2013-09-10 发布

2014-01-01 实施

中华人民共和国农业部 发布

前　言

本标准按照 GB/T 1.1—2009 给出的规则起草。

本标准由农业部农业机械化管理司提出。

本标准由全国农业机械标准化技术委员会农业机械化分技术委员会(SAC/TC 201/SC 2)归口。

本标准起草单位:内蒙古自治区农牧业机械试验鉴定站。

本标准主要起草人:陈晖明、苏日娜、王强、周风林、王海军、王作勋。

牧草机械化收获作业技术规范

1 范围

本标准规定了牧草机械收获的作业条件、作业准备、作业要求、安全要求及机具维护、保养与存放。
本标准适用于割草机、搂草机、打捆机或组合作业机组的牧草机械化收获作业。

2 规范性引用文件

下列文件对于本文件的应用是必不可少的。凡是注日期的引用文件,仅注日期的版本适用于本文件。凡是不注日期的引用文件,其最新版本(包括所有的修改单)适用于本文件。

JB/T 9700　牧草收获机械　试验方法通则

3 作业条件

3.1 草场条件

3.1.1 草场应满足牧草收获机械使用说明书中规定的收获作业要求。

3.1.2 土壤绝对含水率应不大于25%。

3.1.3 进行打捆作业的牧草含水率应不大于35%。

3.1.4 牧草的倒伏程度不应出现JB/T 9700中规定的严重倒伏的情况。

3.1.5 收获作业时,风速不大于4 m/s。

3.2 作业机具

3.2.1 作业开始前应按照使用说明书的要求对机具进行检查、调整、保养,检查各工作部件有无损坏及磨损情况。配套动力必须符合收获机械的配套要求,技术状态良好,各操纵机构灵活可靠。

3.2.2 应准备足够的作业和维护保养所需的燃油、常用零配件、润滑油(脂)、水和常用工具等。

3.2.3 割草作业应按照要求调整好割茬高度。

3.2.4 搂草作业应按照要求调整好搂齿的离地间隙。

3.2.5 捡拾打捆作业应按照要求调整好草捆的密度和尺寸。

3.3 人员配备

3.3.1 应按要求配备操作人员和辅助人员。

3.3.2 操作人员应经过技术培训,取得相应的资格证书;辅助人员应具备基本的作业知识和安全常识。

4 作业准备

4.1 作业机具调试完成后,应进行试收。

4.2 试收时,作业机具以机具使用说明书规定的作业速度行进30 m,观察作业质量,然后检查作业质量,必要时进行相应调整,直到达到正常收获要求。

5 作业要求

5.1 试收正常后,可开始收获作业。

5.2 作业时收获机具应根据草场地形往返或环形收获,对于人工垄作草场应顺垄收获。

5.3 作业机具起步前应观察四周情况,确认安全后起步作业。

5.4 按收获机具的使用说明书所规定的作业速度进行作业。

5.5 作业时操作人员应观察机具的作业质量状况,发生异常情况,应停车检查。

5.6 作业机具在作业时禁止倒退,作业部件未升起或运动工作部件未停止时,严禁转弯和倒退。

5.7 清理机具上的缠草和其他堵塞物时必须分开离合器或切断动力源。

5.8 割草作业时在相邻行程之间割幅应有不少于 10 cm 的重叠。

5.9 搂草作业时在相邻行程之间搂幅应有不少于 10 cm 的重叠。

5.10 捡拾打捆作业时机具的捡拾宽度应大于草条宽度两侧各 10 cm。

5.11 机具在转移地块时,必须保持运输状态。割草机的切割器必须锁紧在提升位置;搂草机的搂齿应提起;打捆机的捡拾器应提起。

5.12 操作人员换班时,应将机具技术状态、作业量及发生的故障告知接班人员。

6 安全要求

6.1 操作人员在操作机具前必须认真阅读使用说明书,严格按照使用说明书中的安全要求操作。

6.2 作业前应确保机具的安全防护装置齐全、安全可靠、无损坏;旋转部件转向与规定方向一致;过载保护装置安全有效。

6.3 对可能影响收获作业的障碍物设置醒目的警示标志。

6.4 收获作业时应配备防火器材。

6.5 未成年人和未掌握机具操作要求的人员禁止操作机具。

6.6 严禁操作人员酒后、带病或过度疲劳时开机作业。

6.7 机具与拖拉机挂接时,拖拉机要可靠停车并处于空挡状态。

6.8 操作人员应注意机组周围是否有人或障碍物,做到鸣笛起步。

6.9 机具在作业中发生故障进行排除时及停止作业保养时,拖拉机必须熄火切断动力输出轴的动力,严禁在机具运转时进行检修和保养。

6.10 机具在作业时非操作人员严禁乘坐;在进行地块转移及运输时严禁任何人员乘坐及在收获部件上放置物品。

7 机具维护、保养与存放

7.1 每个作业季节完毕后,应按使用说明书要求进行维护保养。应进行除草、清洁、放水、放油、加润滑油(脂)、易损件更换和维修等。

7.2 机具维护保养后,应妥善存放。

―――――――――

ICS 65.060.50
B 91

中华人民共和国农业行业标准

NY/T 2462—2013

马铃薯机械化收获作业技术规范

Technical specifications of mechanized harvesting operation for potato

2013-09-10 发布

2014-01-01 实施

中华人民共和国农业部 发布

前　言

本标准按照 GB/T 1.1—2009 给出的规则起草。

本标准由农业部农业机械化管理司提出。

本标准由全国农业机械标准化技术委员会农业机械化分技术委员会(SAC/TC 201/SC 2)归口。

本标准起草单位:甘肃省农业机械化技术推广总站。

本标准主要起草人:张陆海、康清华、邵博、白利杰、丁宏斌、袁明华。

马铃薯机械化收获作业技术规范

1 范围

本标准规定了马铃薯机械化收获的术语和定义、作业条件、作业准备、作业要求、安全要求和机具维护、保养与存放。

本标准适用于马铃薯机械化收获作业(以下简称"收获作业")。

2 规范性引用文件

下列文件对于本文件的应用是必不可少的。凡是注日期的引用文件,仅注日期的版本适用于本文件。凡是不注日期的引用文件,其最新版本(包括所有的修改单)适用于本文件。

NY/T 1130 马铃薯收获机械

3 术语和定义

NY/T 1130 界定的术语和定义适用于本文件。

4 作业条件

4.1 地块条件

4.1.1 地块应满足马铃薯收获机使用说明书中规定的收获作业要求。

4.1.2 作业地块土壤含水率应不大于 20%、坡度应不大于 5%。

4.2 作物条件

4.2.1 马铃薯种植方式应为行播。

4.2.2 块茎成熟、薯皮变硬时进行收获。

4.3 作业机具

4.3.1 配套拖拉机必须经过安全技术检验合格,技术参数应符合收获机械的配套要求。

4.3.2 收获机械应调整到良好的技术状态,调整参数满足种植农艺要求和薯块分布特征。

4.3.3 要准备好足够的燃油。

4.3.4 应准备足够的维护保养所需的常用零配件、燃油、润滑油(脂)、水和常用工具等。

4.4 人员配备

4.4.1 应按要求配备作业人员和辅助人员。

4.4.2 作业人员应经过正规操作、维修技术培训。拖拉机驾驶员应具有拖拉机驾驶证。

4.4.3 作业人员和辅助人员相互之间应密切配合。

5 作业准备

5.1 按使用说明书的规定对收获机进行检查、调整和保养,确保状态良好。

5.2 按使用说明书的规定对收获机与拖拉机进行挂接调试,确保连接可靠、状态良好。

5.3 秧蔓影响作业质量时,进行人工、机械或化学处理。

5.4 在地块两头人工挖出机组作业转弯通道,宽度应大于机组长度的 2 倍。

6 作业要求

6.1 拖拉机轮距应适应马铃薯行距。

6.2 机组起步前，应先空运转收获机械，正常后挖掘部件中心线对准薯行中心线起步并缓慢入土。

6.3 机具幅宽应与种植行距相适宜，机具作业幅宽应比马铃薯种植行距大 20 cm～30 cm 或机具作业幅宽大于马铃薯生长宽度两边各 10 cm 以上，作业深度应比马铃薯种植深度大 10 cm，入土行程不大于1.5 m。

6.4 以说明书规定的作业速度试收 20 m，观察马铃薯漏挖、伤薯、明薯和挖掘深度等作业质量效果。必要时调整收获机械相关机构，重新试收，直至符合要求方可进行正式作业。

6.5 机组应按使用说明书规定的作业速度作业，尽量避免中途停车、变速和倒车作业。

6.6 应随时检查作业情况，发现杂物堵塞收获机时，应切断动力，停车清除。

6.7 机组在地头转弯或田间转移时，应切断收获机动力并将其置于提升状态，可靠锁定，慢速行驶。

6.8 机组上下坡时，应选好挡位，中途不应换挡。下坡时，不应空挡滑行。过沟过埂时，应减速慢行。

7 安全要求

7.1 作业人员不得在酒后或身体过度疲劳状态下作业。

7.2 作业人员应阅读收获机械使用说明书中的安全操作内容，并按要求进行操作。

7.3 作业时，作业人员应随时观察收获质量，如有异常，应立即停机检查。

7.4 机组在检查、调整、保养和排除故障时应停机熄火，并在平地上进行，故障未排除前不应作业。

7.5 田间作业时，收获机上不得站人，与作业无关人员不得靠近作业机械。

7.6 机组在作业、转移、地头转弯时，应避开行人和障碍物。

7.7 机组在田间停驻时，应可靠制动。

8 机具维护、保养与存放

8.1 每个作业季节完毕后，应按使用说明书要求进行全面保养。应进行除草、清洁、放水、放油、加润滑油(脂)、易损件更换和维修等。

8.2 维护保养后机具应妥善存放。

ICS 65.060.50
B 91

中华人民共和国农业行业标准

NY/T 2463—2013

圆草捆打捆机 作业质量

Operating quality for round balers

2013-09-10 发布

2014-01-01 实施

中华人民共和国农业部 发布

前　言

本标准按照 GB/T 1.1—2009 给出的规则起草。

本标准由农业部农业机械化管理司提出。

本标准由全国农业机械标准化技术委员会农业机械化分技术委员会(SAC/TC 201/SC 2)归口。

本标准起草单位:北京市农业机械试验鉴定推广站。

本标准主要起草人:刘旺、孙贵芹、李志强、张京开、王荣雪、谢杰。

圆草捆打捆机　作业质量

1　范围

本标准规定了圆草捆打捆机作业的质量要求、检测方法和检验规则。

本标准适用于圆草捆打捆机进行牧草打捆作业的质量评定。

2　术语和定义

下列术语和定义适用于本文件。

2.1

草条　windrow

集拢成条的已割牧草。

2.2

圆草捆打捆机　round baler

具有捡拾捆绕功能，能将散状牧草打成圆形草捆的机具。

2.3

成捆率　rate of finished bale

在规定的工作时间内，累积成捆占累积打捆数的百分比。

2.4

草捆密度　bale density

单位体积草捆的质量。

3　作业质量要求

3.1　作业条件

3.1.1　草条的长度应大于捆一捆草的草条长度。

3.1.2　牧草割后株长、草条宽度、厚度应满足圆草捆打捆机使用说明书的要求。

3.1.3　打捆作业时风力应小于4级。

3.1.4　牧草含水率为18%～25%。

3.2　作业质量要求

在3.1规定的作业条件下，圆草捆打捆机作业质量应符合表1的规定。

表1　作业质量要求

序号	检测项目名称		计量单位	质量指标要求	检测方法对应的条款
1	草捆密度	简易检测法	cm	≤15	4.1.3.2
		专业检测法	kg/m³	≥115	4.4.1
2	牧草损失率	禾本科牧草	%	≤2	4.4.2
		苜蓿	%	≤4	
3	成捆率		%	≥97	4.4.3

4　检测方法

4.1　简易检测法

4.1.1 检测质量指标要求

由服务双方协商确定或按表1要求。

4.1.2 检测的计量器具

采用服务双方认可的秤和钢卷尺。

4.1.3 测试方法

4.1.3.1 牧草损失率

由服务双方在作业现场测取,以牧草打完一捆后,双方捡拾打捆过程中遗漏的大于7 cm的牧草和成捆室遗落下的散碎草,称其质量,计算遗落牧草占草捆质量的百分比。

4.1.3.2 草捆密度

由服务双方现场进行检测,捆绳捆绕应均匀,当双手抓紧草捆两侧外端捆绳时,捆绳提起高度不超过15 cm。

4.1.3.3 成捆率

打捆作业后,统计计算未打成捆数量占打捆总数的百分比。

4.2 专业检测方法

4.2.1 检测前准备

检测用仪器、设备需检查校正,计量器具应在规定的有效检定周期内。

4.2.2 检测时机确定

圆草捆打捆机作业质量的检测一般应在作业地块现场正常作业时或作业完成后立即进行。

4.3 作业条件测定

4.3.1 试验测区选择

一般应以一个完整的作业地块为测区,采用抽样方法确定2个测区。对于面积大于1 hm² 的较大地块测区确定的方法是:先将地块沿长宽方向的中点连十字线,将地块分成4块,随机抽取对角的2块作为测区,在每个测区中心位置测量2个打捆行程。

4.3.2 草条牧草含水率

从每个草条断面上、中、下均匀地取不少于100 g的样品,立即称其质量,在105℃恒温下烘干5 h后再称其质量。按式(1)计算草条牧草含水率;也可以使用牧草快速检测仪进行。

$$H_c = \frac{G_{sc} - G_{gc}}{G_{sc}} \times 100 \quad\cdots\cdots\cdots\cdots\cdots\cdots\cdots\cdots\cdots\cdots\cdots\cdots\cdots\cdots\cdots\cdots\cdots (1)$$

式中:

H_c——草条牧草含水率,单位为百分率(%);

G_{sc}——牧草湿质量,单位为克(g);

G_{gc}——牧草干质量,单位为克(g)。

4.4 作业质量检测

4.4.1 草捆密度

在4.3.1规定的测区内,分别测量草捆的长度、直径和质量。按式(2)计算草捆密度。结果取4个草捆平均值。

$$\rho = \frac{4G_k}{\pi D^2 \times L} \quad\cdots\cdots\cdots\cdots\cdots\cdots\cdots\cdots\cdots\cdots\cdots\cdots\cdots\cdots\cdots\cdots\cdots (2)$$

式中:

ρ——草捆密度,单位为千克每立方米(kg/m³);

G_k——草捆质量,单位为千克(kg);

L——草捆长度,单位为米(m);

D ——草捆直径,单位为米(m)。

4.4.2 牧草损失率

在测定地段全长上遗落的牧草质量与该地段草条质量之比称为牧草损失率。

在草捆密度测定的同时,捡拾该草捆作业行程范围内遗漏的大于 7 cm 的牧草和成捆时遗落下的散碎草,称其质量。按式(3)计算牧草损失率。结果取 4 个行程的平均值。

$$S = \frac{G_j}{G_k + G_j} \times 100 \quad\cdots\cdots\cdots\cdots\cdots\cdots\cdots\cdots\cdots\cdots\cdots\cdots\cdots\cdots\cdots\cdots\cdots\cdots (3)$$

式中:

S ——牧草损失率,单位为百分率(%);

G_j ——遗落牧草质量,单位为千克(kg)。

4.4.3 成捆率

在作业区域内,测定总捆数不少于 100 捆。成捆率按式(4)计算。

$$\beta = \frac{I_c}{I_z} \times 100 \quad\cdots\cdots\cdots\cdots\cdots\cdots\cdots\cdots\cdots\cdots\cdots\cdots\cdots\cdots\cdots\cdots\cdots\cdots\cdots (4)$$

式中:

β ——成捆率,单位为百分率(%);

I_c ——总捆数,单位为捆;

I_z ——成捆数,单位为捆。

5 检验规则

5.1 检验分类

检验分简易检验和专业检验。

5.2 简易检验

简易检验由服务双方协商确定检测项目、检测质量指标要求,并采用简易检测方法进行。

5.3 专业检验

5.3.1 在下列情况之一时应进行专业检验:

a) 服务双方对作业质量有争议;

b) 进行圆草捆打捆机作业质量对比试验。

5.3.2 专业检验项目

圆草捆打捆机按照表 2 确定作业质量检测项目。

表 2 检测项目表

项 目	检测项目名称
1	成捆率
2	草捆密度
3	牧草损失率

5.4 判定规则

检测结果不符合被服务方要求,或不符合本标准 3 的相应要求时,判该项目不合格。对确定的检测项目进行逐项考核。项目全部合格,则判定圆草捆打捆机作业质量为合格;否则为不合格。

ICS 65.060.50
B 91

中华人民共和国农业行业标准

NY/T 2464—2013

马铃薯收获机 作业质量

Operating quality for potato harvesters

2013-09-10 发布

2014-01-01 实施

中华人民共和国农业部 发布

NY/T 2464—2013

前　言

本标准按照 GB/T 1.1—2009 给出的规则起草。

本标准由农业部农业机械化管理司提出。

本标准由全国农业机械标准化技术委员会农业机械化分技术委员会(SAC/TC 201/SC 2)归口。

本标准起草单位:甘肃省农业机械鉴定站、黑龙江农业机械试验鉴定站、甘肃农业大学、甘肃洮河拖拉机制造有限公司、酒泉市铸陇机械制造有限公司。

本标准主要起草人:闫发旭、潘卫云、程兴田、孙启嘉、郭雪峰、刘军干、郭光、马明义、辛兵帮。

马铃薯收获机　作业质量

1　范围

本标准规定了马铃薯收获机作业的质量要求、检测方法和检验规则。

本标准适用于马铃薯挖掘机(以下简称挖掘机)和马铃薯联合收获机(以下简称收获机)作业质量的评定。

2　规范性引用文件

下列文件对于本文件的应用是必不可少的。凡是注日期的引用文件,仅注日期的版本适用于本文件。凡是不注日期的引用文件,其最新版本(包括所有的修改单)适用于本文件。

GB/T 5262　农业机械试验条件　测定方法的一般规定

3　术语和定义

下列术语和定义适用于本文件。

3.1

小薯　small potato

最小长度尺寸小于 25 mm 的马铃薯。

3.2

明薯　potato on or out of earth

机器作业后,暴露出土层的马铃薯。

3.3

漏挖薯　undug potato

机器作业后,没有被挖掘出土层的马铃薯。

3.4

埋薯　covered potato

挖掘出上层后,又被掩埋的马铃薯。

3.5

漏拾薯　unpicked potato

挖掘出土层后,而没有被拣拾收回的马铃薯。

3.6

损失薯　lost potato

联合收获机械作业后的漏挖薯、埋薯和漏拾薯之和(不含小薯)。

3.7

伤薯　damaged potato

机器作业损伤薯肉的马铃薯(由于薯块腐烂引起的损伤除外)。

3.8

破皮薯　skin-damaged potato

机器作业擦破薯皮的马铃薯(由于薯块腐烂引起的破皮除外)。

4 作业质量要求

4.1 作业条件：种植模式应满足马铃薯收获机作业要求，作业地的土壤绝对含水率不大于25%，马铃薯茎秆含水率大于26%时应进行打秧作业，对茎秆进行清理。

4.2 在4.1规定的作业条件下，采用检测法时，挖掘机和联合收获机的作业质量应分别符合表1和表2的规定。采用简易法时，可根据双方的实际经验，在协商一致的前提下用人工的方法来判定收获机的作业质量。

表1 挖掘机作业质量要求

序号	检测项目，%	质量指标要求	检测方法对应的条款
1	伤薯率	≤3	5.4.1
2	破皮率	≤3.5	5.4.1
3	明薯率	≥96	5.4.1

表2 联合收获机作业质量要求

序号	检测项目，%	质量指标要求	检测方法对应的条款
1	伤薯率	≤3.5	5.4.2
2	破皮率	≤4	5.4.2
3	含杂率	≤4	5.4.2
4	损失率	≤4	5.4.2

5 检测方法

5.1 基本要求

作业条件和配套动力应符合作业要求。使用的仪器、设备和量具的准确度应满足测量的要求，并经校验合格。

5.2 作业地选择

作业地应具有代表性，应保证收获机能进行正常作业。

5.3 作业条件测定

5.3.1 测定作业地的面积、地形、坡度、土壤类型、垄高和垄（行）距，并在试验区内对角线取5点，测量土壤绝对含水率、土壤坚实度。其测定方法应按照GB/T 5262的规定进行。也可由服务方和被服务方根据双方的经验，判定该地块是否适宜收获作业。

5.3.2 在试验区内对角线另取5点，每点测3垄（行），每垄（行）长度不少于1m，测定茎秆含水率、株距、自然高度、薯块分布宽度和深度。

5.4 参数测定和计算

机器以正常工作状态进行收获作业。可在机具作业过程中或作业后，随机选取3个小区进行作业质量测定，结果取平均值。

5.4.1 挖掘机明薯率、伤薯率和破皮率的测定

机器作业后随机选取3个小区，收集小区内的明薯，用人工方法挖出埋薯和漏挖薯，分别将其称重，再从中挑出所有伤薯和破皮薯，分别称重（以上各类薯称重均不含小薯）。分别按式（1）、式（2）、式（3）、式（4）计算明薯率 T_o、伤薯率 T_s 和破皮率 T_p。

$$T_o = \frac{W_o}{W} \times 100 \quad \cdots\cdots\cdots\cdots\cdots\cdots\cdots (1)$$

$$T_s = \frac{W_s}{W} \times 100 \quad \cdots\cdots\cdots\cdots\cdots\cdots\cdots (2)$$

$$T_p = \frac{W_p}{W} \times 100 \quad \cdots\cdots\cdots\cdots\cdots\cdots\cdots\cdots\cdots\cdots\cdots\cdots\cdots\cdots\cdots\cdots\cdots\cdots \quad (3)$$

$$W = W_o + W_m + W_l \quad \cdots\cdots\cdots\cdots\cdots\cdots\cdots\cdots\cdots\cdots\cdots\cdots\cdots\cdots\cdots\cdots \quad (4)$$

式中：

T_o——明薯率，单位为百分率（%）；

W_o——明薯质量，单位为千克（kg）；

W ——总薯质量，单位为千克（kg）；

T_s——伤薯率，单位为百分率（%）；

W_s——伤薯质量，单位为千克（kg）；

T_p——破皮率，单位为百分率（%）；

W_p——破皮薯质量，单位为千克（kg）；

W_m——埋薯质量，单位为千克（kg）；

W_l——漏挖薯质量，单位为千克（kg）。

5.4.2 联合收获机损失率、伤薯率、破皮率和含杂率的测定

机器作业后，收集小区内的漏拾薯，用人工方法挖出漏挖薯和埋薯，并将小区中已挖出收集到的薯与夹杂物（含土壤）分开，分别将其称重，再从以上各类薯中挑出伤薯和破皮薯，分别称重（以上各类薯称重均不含小薯）。分别按式（5）、式（6）、式（7）、式（8）、式（9）计算损失率 L_l、伤薯率 L_s、破皮率 L_p 和含杂率 L_z。

$$L_l = \frac{Q_l + Q_m}{Q} \times 100 \quad \cdots\cdots\cdots\cdots\cdots\cdots\cdots\cdots\cdots\cdots\cdots\cdots\cdots\cdots \quad (5)$$

$$L_s = \frac{Q_s}{Q} \times 100 \quad \cdots\cdots\cdots\cdots\cdots\cdots\cdots\cdots\cdots\cdots\cdots\cdots\cdots\cdots\cdots \quad (6)$$

$$L_p = \frac{Q_p}{Q} \times 100 \quad \cdots\cdots\cdots\cdots\cdots\cdots\cdots\cdots\cdots\cdots\cdots\cdots\cdots\cdots\cdots \quad (7)$$

$$L_z = \frac{Q_z}{Q_x + Q_z} \times 100 \quad \cdots\cdots\cdots\cdots\cdots\cdots\cdots\cdots\cdots\cdots\cdots\cdots\cdots \quad (8)$$

$$Q = Q_l + Q_m + Q_x \quad \cdots\cdots\cdots\cdots\cdots\cdots\cdots\cdots\cdots\cdots\cdots\cdots\cdots\cdots\cdots \quad (9)$$

式中：

L_l ——损失率，单位为百分率（%）；

L_s ——伤薯率，单位为百分率（%）；

L_p ——破皮率，单位为百分率（%）；

L_z ——含杂率，单位为百分率（%）；

Q_l ——漏拾薯质量与漏挖薯质量之和，单位为千克（kg）；

Q_m——埋薯质量，单位为千克（kg）；

Q_s ——伤薯质量，单位为千克（kg）；

Q_p ——破皮薯质量，单位为千克（kg）；

Q_z ——已挖出收集到与马铃薯混在一起的夹杂物和土壤总质量，单位为千克（kg）；

Q_x ——已挖出收集到的马铃薯质量，单位为千克（kg）；

Q ——总薯质量，单位为千克（kg）。

6 检验规则

6.1 作业质量考核项目

被检项目不符合本标准第 4 章相应要求时判该项目不合格。作业质量考核项目见表 3。

表 3　作业质量考核项目表

序号	项目名称	挖掘机	联合收获机
1	损失率		√
2	伤薯率	√	√
3	破皮率	√	√
4	明薯率	√	
5	含杂率		√

6.2　判定规则

对确定的作业质量考核项目逐项考核。项目全部合格,判定马铃薯收获机作业质量为合格;否则为不合格。

ICS 65.060.30
B 91

中华人民共和国农业行业标准

NY/T 2465—2013

水稻插秧机 修理质量

Repairing quality for rice transplanters

2013-09-10 发布

2014-01-01 实施

中华人民共和国农业部 发布

前　言

本标准按照 GB/T 1.1—2009 给出的规则起草。

本标准由农业部农业机械化管理司提出。

本标准由全国农业机械标准化技术委员会农业机械化分技术委员会(SAC/TC 201/SC 2)归口。

本标准负责起草单位:农业部农业机械试验鉴定总站。

本标准参加起草单位:久保田农业机械(苏州)有限公司、东风井关农业机械(湖北)有限公司、南通富来威农业装备有限公司、延吉插秧机制造有限公司、湖北省农业机械工程研究设计院。

本标准主要起草人:畅雄勃、谈建良、杨蕾、曲桂宝、周小燕、叶宗照、冯天玉。

水稻插秧机 修理质量

1 范围

本标准规定了水稻插秧机(以下简称插秧机)修理质量的术语和定义、技术要求、检验方法及验收与交付。

本标准适用于以内燃机为动力的插秧机主要零部件及整机的修理质量评定。

2 规范性引用文件

下列文件对于本文件的应用是必不可少的。凡是注日期的引用文件,仅注日期的版本适用于本文件。凡是不注日期的引用文件,其最新版本(包括所有的修改单)适用于本文件。

GB/T 1147.2—2007 中小功率内燃机 第2部分:试验方法

GB 7258—2012 机动车运行安全技术条件

NY/T 1630—2008 农业机械修理质量标准编写规则

3 术语和定义

下列术语和定义适用于本文件。

3.1

农业机械修理质量 repairing quality for agricultural machinery

农业机械修理后满足其修理技术要求的程度。

[NY/T 1630—2008,定义3.1]

3.2

标准值 normal value

产品设计图纸及图样规定应达到的技术指标数值。

[NY/T 1630—2008,定义3.2]

3.3

极限值 limiting value

零部件应进行修理或更换的技术指标数值。

[NY/T 1630—2008,定义3.3]

3.4

修理验收值 repairing accept value

修理后应达到的技术指标数值。

[NY/T 1630—2008,定义3.4]

4 修理技术要求

4.1 一般要求

4.1.1 修理前,应对插秧机技术状态进行检查,判明故障现象,明确修理项目或方案,做好记录并签订农业机械维修合同。

4.1.2 修理时,产品使用说明书中规定了修理技术要求的,按产品使用说明书规定执行,没有规定的按本标准执行。

NY/T 2465—2013

4.1.3 零部件拆装

——主要零部件的基准面或精加工面,应避免碰撞、敲击或损伤;

——对不能互换、有装配规定或有平衡块、需按照装配记号组装的零部件,拆卸时应做好标记,装配时应按照要求组装,并符合产品生产企业(以下称原厂)技术要求;

——对缸套、活塞组件、轴承等有特殊拆卸与装配要求的零部件,应使用专用工具拆装;

——运动副(如齿轮副、柱塞副、链轮链条副等)装配时接触面间应按润滑要求加注润滑脂(油),零件动作应灵活、无卡滞;

——零部件装配相对位置应准确,并按产品使用说明书或修理手册进行调整。

4.1.4 零部件清洁

——清除零部件油污、积炭、结胶、水垢,并进行除锈及防锈处理;

——清洗橡胶、胶木、石棉、塑料等材料制成的零部件(如制动器摩擦片、离合器摩擦片),不得使用强腐蚀性清洗剂;

——各类油箱、油管、水箱、水管、气管等零部件应清洁通畅。

4.1.5 各基础件和主要零部件拆卸后,应检测和记录其配合部位的技术数据(如配合孔与轴的直径、几何尺寸,相关部位的表面形状、位置参数)。

4.1.6 换件修理的零部件应符合原厂技术要求。有特殊要求的零部件损坏后应整体更换(如滚动轴承、有成对或成组要求的偶件或组件)。有密封要求的零部件更换时,其相关密封件应一并更换。

4.1.7 拆卸的关键零部件[如变速箱壳体、发动机缸体、连杆、转向节(座)、仿形臂等]应进行探伤检查;飞轮、曲轴、旋转箱应进行静平衡或动平衡试验;有密封性要求的零部件(如缸盖、缸体、散热器等)应进行水压或气压等密封性检查。

4.1.8 重要零部件(如发动机连杆、缸盖、飞轮等)的连接螺栓与螺母应符合原厂技术要求。有扭紧力矩和紧固顺序要求的螺栓、螺母,应按要求紧固。各部位螺栓、螺母配用的垫圈(调整垫圈或垫片除外)、开口销及锁紧垫片等,应装配齐全。

4.1.9 更换、调整、清理旋转部件时,发动机应熄火。插秧机维修后试运转时,应遵守产品使用说明书规定的安全要求,操作者应处于安全区域。

4.2 发动机

4.2.1 发动机点火提前角(供油提前角)、气门间隙、配气相位、可燃性气体混合比(喷油压力)等参数应调整合适,符合原厂技术要求。

4.2.2 汽油机火花塞应定期清理积炭,间隙符合原厂技术要求,点火系统工作稳定。

4.2.3 发动机在规定工况下应运转平稳,不得有过热、异响、排气异常、回火或放炮等现象。

4.2.4 发动机启动性能应符合产品使用说明书的要求。在常规环境温度(25℃)和低温(5℃)时,连续启动3次,每次间隔2 min,能启动成功。

4.2.5 发动机的额定转速、怠速转速应符合产品使用说明书的规定。变速时过渡平稳。发动机紧急停车装置应可靠有效。

4.2.6 水箱、水泵、缸体、缸盖及所有联接部位应密封良好,无漏水、漏油、漏气现象。

4.2.7 发动机的电器部分应安装正确、绝缘良好。

4.2.8 修理后,发动机应按产品使用说明书的要求加注润滑油、润滑脂、冷却液,并按规定进行试运转。

4.2.9 大修后,发动机额定功率的修理验收值应不小于原额定功率的95%,燃油消耗率的修理验收值应不大于原燃油消耗率的5%。

4.3 主离合器

4.3.1 主离合器应能分离彻底,结合平稳、可靠。主离合器的自由行程应符合产品使用说明书的要求。

166

4.3.2 干式离合器总成装配时,摩擦面不得有油污。更换离合器从动盘摩擦片时,应成组更换。修理或更换离合器从动盘总成时,其技术参数应符合原厂技术要求。

4.3.3 锥形离合器的离合拨销外圆磨损度超过 20% 或锥形摩擦片厚度磨损量超过 0.6 mm 时,应予以更换并进行调整。调整后,锥形离合器的技术参数应符合原厂技术要求。

4.4 变速箱

4.4.1 变速箱壳体出现漏油、破损,壳体上轴承孔过度磨损影响正常工作时,应予以修理或更换。

4.4.2 变速箱壳体上滚动轴承内外圈表面应光洁、无损伤和锈蚀;滚道和滚动体不得有烧损和剥落;保持架不得有变形和铆钉松动现象;轴承转动时应灵活,无卡滞。

4.4.3 变速拨叉不得有裂纹、缺口和变形。变速拨叉端面磨损量大于原厂规定极限值时,应予以更换。

4.4.4 转向离合器应能分离彻底,结合平稳、可靠。结合不良或分离不彻底时,应予以调整或更换。

4.4.5 栽插离合器应能分离彻底,结合平稳、可靠。结合不良或有异响时,应予以修理或更换。栽插离合器分离时,应保证插植臂停稳在原厂规定的安全位置。定位不准时,应予以调整或更换。

4.4.6 齿轮齿面失效,啮合不良或有异响时,应予以修理或更换。齿轮轴弯曲变形、轴颈磨损或键连接失效时,应予以修理或更换。

4.4.7 株距调节杆磨损或变形影响正常工作时,应予以修理或更换。

4.4.8 乘座式高速插秧机倒车时,单向离合器应保证插秧机的插植部自动停止工作。否则,应予以更换。

4.4.9 修理后,变速箱总成应进行磨合试运转,无渗油、漏油现象,无异常响声。各操纵机构(如变速操纵机构、株距调整机构)应轻便、灵活、可靠,无抖动、脱挡、跳挡现象。

4.5 插植部

插植部各部位零部件更换后应按产品使用说明书要求调整各部件的相互位置,并符合原厂技术要求。

4.5.1 插植臂

4.5.1.1 推杆磨损、衬套磨损、油封损坏等情况造成插植臂进水、漏油时,应予以更换。

4.5.1.2 压出凸轮磨损、压出臂损坏、弹簧失效、壳体破裂、缓冲垫损坏等影响正常工作时,应予以更换。

4.5.1.3 秧爪弯曲、变形影响正常工作时,应予以校正或更换。秧爪长度磨损量大于原厂规定极限值时,应予以更换。

4.5.1.4 插植臂拆卸、装配时,凸轮等零件应按照装配记号组装。组装后,按照产品使用说明书要求加注润滑脂(油),按工作旋向转动摆臂支杆,各部件应转动灵活、无卡滞。

4.5.1.5 插植臂与其他运动零部件组装后,应转动灵活、无卡滞。

4.5.1.6 更换插植臂零件后,应按技术要求重新调整秧爪与推杆间的间隙,调整取苗量和秧门间隙。

4.5.2 旋转箱

4.5.2.1 因油封损坏造成旋转箱进水、漏油,或因齿轮、轴承、壳体损坏影响旋转箱正常工作时,应对损坏件予以修理或更换。

4.5.2.2 旋转箱拆卸、装配时,所有零件应按照装配记号组装。组装后,按照产品使用说明书要求加注润滑脂(油),各部件应转动灵活、无卡滞。

4.5.2.3 更换旋转箱后应按产品使用说明书要求重新调整秧门间隙。

4.5.2.4 旋转箱与其他运动零部件结合后,应转动灵活、无卡滞。

4.5.2.5 修理或更换旋转箱后,各插植臂运行动作应同步、同位。

4.5.3 插秧箱

4.5.3.1 因油封损坏造成插秧箱进水、漏油，或因链条、链轮、齿轮等损坏影响正常工作时，应对损坏件予以修理或更换。组装时，应按照装配记号进行。

4.5.3.2 插秧离合器应能分离彻底，结合平稳、可靠。否则，应予以调整或更换。插秧离合器组装应按照装配记号进行。

4.5.3.3 安全离合器失效(如过载不能分离)时，应予以调整或更换。组装时，应按照装配记号进行。

4.5.3.4 插秧箱与其他运动零部件结合后，应转动灵活、无卡滞。

4.5.4 秧苗箱

4.5.4.1 秧苗箱破损、纵向输送带(齿轮)工作异常和纵向输送带(齿轮)断裂时，应予以修理或更换。纵向秧苗输送量应符合原厂技术要求，各行输送带(齿轮)的工作应同步。

4.5.4.2 纵向送秧单向离合器应工作可靠，纵向送秧时不得有逆向窜动。否则，应予以更换。

4.5.4.3 秧苗箱组装后，横向窜动量不大于 1 mm。

4.5.4.4 秧苗箱应移动平稳，换向可靠，无卡滞。秧苗箱隔板与秧爪的间隙应符合产品使用说明书要求。

4.5.5 供给箱

4.5.5.1 内部链条传递动力应平稳、可靠，无异常响声。否则，应予以调整或更换。

4.5.5.2 因油封损坏造成供给箱进水、漏油影响正常工作时，应予以更换。

4.5.5.3 因内部齿轮、链轮、轴、轴承损坏影响供给箱正常工作时，应予以修理或更换。

4.5.5.4 供给箱组装时，各零部件应按照装配记号进行，并按照产品使用说明书要求加注润滑脂(油)。

4.5.5.5 横向传送装置应工作可靠，密封良好。横向传送丝杆和横向传送转子磨损影响正常工作时，应予以更换，更换时按照装配记号进行。

4.5.5.6 供给箱与秧苗箱组装后，其横向动作与纵向动作配合应正确。

4.6 行走装置

4.6.1 轮毂、轮辋(辐板)、锁圈应无裂纹和变形，安装牢固可靠。

4.6.2 驱动轮胎花纹方向装配正确，同一轴的左右轮胎型号、胎纹应相同，磨损程度应大致相同。

4.6.3 链条磨损伸长导致异响时，应予以调整或更换。

4.6.4 前桥、后桥和主机架等零部件不应有变形或裂纹，焊接应牢靠，无脱焊、虚焊。各部件的相对位置应符合原厂技术要求。

4.6.5 驱动轴、万向节、半轴、齿轮和轴承应无裂纹或其他损伤。否则，应予以更换。

4.6.6 摩擦片烧损或磨损影响正常传递动力时，应予以更换。

4.7 液压装置

4.7.1 液压仿形机构工作应灵活可靠。仿形滞后或失效时应予以调整或修理。

4.7.2 液压油泵、液压马达修理后，在额定压力、标定转速、油温50℃的条件下用液压系统检测仪进行流量试验检测，各项指标应符合原厂技术要求。

4.7.3 液压系统操纵手柄应定位准确，手柄操纵位置应符合相应的工作要求。

4.7.4 液压升降系统定位、回位作用正常，阀杆自动复位及时准确。否则，应予以调整。

4.7.5 液压转向系统工作应灵活可靠、无卡滞。

4.7.6 液压行走系统应工作可靠，行驶速度应符合产品使用说明书的要求。

4.7.7 液压系统压力调整应符合原厂技术要求。

4.7.8 液压系统修理后，液压泵、液压马达、控制阀、油缸、连接管路及附件应安全、清洁、密封良好，工作可靠。

4.8 电器系统

4.8.1 蓄电池壳体应无裂纹或渗漏,接线良好、安装牢固、电量充足,技术性能应符合原厂规定。电桩与联接板连接可靠,蓄电池通气孔畅通。

4.8.2 发电机(磁电机)、整流器、调节器应相互匹配。修理后,应进行负载运转试验,电压应达到额定电压。

4.8.3 启动电机应连接牢固,导线接触良好,能正常传递扭矩。启动电机齿轮和发动机飞轮齿圈的啮合与分离动作应正常有效,工作可靠。

4.8.4 各电器元件应完好,电器线路的连接应正确有序,接头牢固,绝缘良好。

4.8.5 各仪表及相应的传感器应安装牢固,指示准确,工作可靠。

4.8.6 照明、信号装置应安装牢靠,完好有效。不应因机体振动而松脱、损坏、失去作用或改变光照方向。

4.9 操作部

4.9.1 主离合器、栽插离合器、液压升降、转向和变速等操作手柄应调整适当,操纵灵活、可靠。各操作手柄的自由行程应符合原厂技术要求。

4.9.2 方向盘(转向手柄)应操纵灵活、方便,回位正常、无卡滞,转向过程中不得与其他部件干涉。转向球头、转向齿轮磨损影响正常工作时应予以更换。修理后,方向盘最大自由转动量应符合 GB 7258—2012 中 6.4 的规定。

4.9.3 各操作手柄与相关联接件应连接可靠。弯曲变形影响正常工作时,应予以调整或更换。

4.9.4 各软、硬拉索应滑动顺畅、无卡滞。否则,应予以润滑调整或更换。

4.9.5 高速插秧机倒车时,插植部应能自动升起。上升缓慢或不能升起时,应予以调整或修理。

5 检验方法

5.1 发动机功率、燃油消耗按照 GB/T 1147.2—2007 的规定检验。

5.2 其他性能指标按常规检验方法检验。

6 验收与交付

6.1 修理后,应对整机进行试运转。其性能和技术参数达到本标准规定的为修理合格。

6.2 承修单位对修理项目检验合格后签发修理合格证明,检验不合格的修理项目应返修。

6.2.1 交付时,承修单位应随机交付修理合格证明、保修单和维修记录单等资料。资料内容应包含插秧机的型号、修理内容、数量、价格和修理时间等信息。送修人确认修理内容,送修人和承修人签字。

6.2.2 交付后,修理项目的保修期限按照农业机械维修合同的规定执行。

ICS 65.040.20
B 93

中华人民共和国农业行业标准

NY/T 2532—2013

蔬菜清洗机耗水性能测试方法

Performance test method of the water consumption
for vegetable washing machine

2013-12-13 发布

2014-04-01 实施

中华人民共和国农业部 发布

前　言

本标准按照 GB/T 1.1—2009 给出的规则起草。

本标准由农业部农业机械化管理司提出并归口。

本标准起草单位:农业部规划设计研究院。

本标准主要起草人:王莉、吴政文、尹义蕾、丁小明、魏晓明、周磊、潘守江、连青龙。

蔬菜清洗机耗水性能测试方法

NY/T 2532—2013

1 范围

本标准规定了用于评价蔬菜清洗机耗水性能的参数及其测试方法。
本标准适用于蔬菜清洗机耗水性能的测试。

2 规范性引用文件

下列文件对于本文件的应用是必不可少的。凡是注日期的引用文件，仅注日期的版本适用于本文件。凡是不注日期的引用文件，其最新版本（包括所有的修改单）适用于本文件。

GB/T 335—2002　非自行指示秤
GB 5749　生活饮用水卫生标准
JJG 162—2009　冷水水表检定规程
JJG 1037—2008　涡轮流量计
NY/T 2135—2012　蔬菜清洗机洗净度测试方法

3 术语和定义

下列术语和定义适用于本文件。

3.1

批次式蔬菜清洗机　batch vegetable washing machine
按批次喂料和出料的方式完成蔬菜清洗作业的清洗机。
[NY/T 2135—2012,定义3.1]

3.2

连续式蔬菜清洗机　continuous vegetable washing machine
按连续喂料和出料的方式完成蔬菜清洗作业的清洗机。
[NY/T 2135—2012,定义3.2]

3.3

独立蔬菜单元　separate vegetable unit
用于清洗试验的完整蔬菜或蔬菜分割体，如整棵叶菜、单个果菜、分开叶菜的单个叶片或分切果菜的单个块等。
[NY/T 2135—2012,定义3.3]

3.4

洗净度　cleaning degree
蔬菜清洗机(以下简称清洗机)清洗蔬菜达到洁净的程度。
[NY/T 2135—2012,定义3.4]

3.5

清洗机耗水率　water consumption rate of washing machine
清洗机清洗单位质量蔬菜消耗的水量。

3.6

蔬菜致浊率　change rate of turbidity of water resulting from vegetables

173

清洗蔬菜前后的清洗水浊度变化量与单位体积水清洗蔬菜量的比值。

4 耗水性能评价参数

4.1 测试与评价参数

清洗机耗水性能可通过测定在一定条件下清洗蔬菜的耗水率进行评价,涉及参数包括蔬菜致浊率、清洗过程的清洗水浊度和清洗机洗净度,见表1。

表 1 清洗机耗水性能测试涉及参数

参 数		符号	单 位	备 注
蔬菜致浊率		ζ	FNU/(kg·L^{-1})[或FAU/(kg·L^{-1}),或NTU/(kg·L^{-1}),或度/(kg·L^{-1})]	条件参数,描述蔬菜的脏污程度
清洗水浊度		τ	FNU(或FAU,或NTU,或度)	条件参数,描述清洗水的水质状况
清洗机耗水率		ξ	L/kg	评价参数
洗净度	洗净率	λ	%	清洗机洗净度评价参数,参见NY/T 2135—2012
	泥沙去除率	κ_{qs}	%	
	微生物去除率	κ_{lx}、κ_{cg}	%	

4.2 蔬菜致浊率

蔬菜致浊率按式(1)计算。

$$\zeta = \frac{\Delta T}{m_\tau / V_\tau} \quad\cdots\cdots (1)$$

式中:

ζ ——蔬菜致浊率,单位为[浊度单位]升每千克[例如,FNU/(kg·L^{-1})];

ΔT——清洗蔬菜前后的清洗水浊度变化量,单位为[浊度单位](例如,FNU);

m_τ ——清洗的蔬菜质量,单位为千克(kg);

V_τ ——清洗蔬菜的用水量,单位为升(L)。

4.3 清洗机总耗水量

清洗机总耗水量按式(2)计算。

$$V = V_0 + V_q \quad\cdots\cdots (2)$$

式中:

V ——清洗机清洗一定量蔬菜的总耗水量,单位为升(L);

V_0 ——清洗机初始蓄水量,单位为升(L),无蓄水清洗机该项为0;

V_q ——清洗机补充水量,单位为升(L),无蓄水清洗机的补充水量即为使用水量。

4.4 清洗机耗水率

清洗机耗水率按式(3)计算。

$$\xi = \frac{V}{m} \quad\cdots\cdots (3)$$

式中:

ξ——清洗机耗水率,单位为升每千克(L/kg);

m——清洗蔬菜的总质量,单位为千克(kg)。

5 测试方法

5.1 测试仪器

测试仪器要求见表 2。

表 2 测试仪器要求

测试项目	仪器要求	采用标准
蔬菜质量	使用符合Ⅲ级要求的非自行指示秤	GB/T 335—2002
清洗水浊度	应符合所采用测定方法标准中规定的仪器要求	采用透过光测定法或散射光测定法,在附录 A 给出的标准方法中选用。对测试数据进行比较时,应采用同一标准方法
清洗水量	可选用 2 级冷水水表、准确度等级不低于 1 级的涡轮流量计或最大允许误差小于±1%的其他流量计	JJG 162—2009 JJG 1037—2008

5.2 试验条件准备

5.2.1 蔬菜

5.2.1.1 对蔬菜进行整理,剔除腐烂菜、老叶、根和不同于测试蔬菜的其他蔬菜或杂草等,每次独立测试用蔬菜为同批次。

5.2.1.2 将蔬菜处理为独立蔬菜单元。以完整蔬菜进行清洗的应剔除不完整部分;以分割蔬菜进行清洗的应按同一标准进行分割,并剔除达不到分割要求的部分。

5.2.2 水

测试用新水为符合 GB 5749 要求的常温水。

5.3 参数测试

5.3.1 蔬菜致浊率

5.3.1.1 取样

在待测蔬菜中随机抽取样本,样本数不少于 5 个,每个样本的样本量不少于 10 个独立蔬菜单元,且每个样本质量不小于 1kg。对每个样本称量并记录,测试记录表参见附录 B。

5.3.1.2 清洗机清洗之前蔬菜样本的致浊率

选择适合蔬菜种类的敞口容器 2 个,各倒入新水 3 L(浊度需测定,为清洗蔬菜前清洗水浊度,浊度测定方法在附录 A 中选用)。将蔬菜逐个放入一个容器中清洗至肉眼看不到泥沙,取出后需补充新水至 3 L,然后再逐个放入另一个容器中清洗,取出后同样需补充新水至 3 L。将两容器水混合并搅动均匀,立即取样测定浊度并记录,取样数不少于 5 个,结果取算术平均值,作为清洗蔬菜后清洗水浊度。式(1)中清洗蔬菜的用水量按 6 L 计。

5.3.1.3 清洗机清洗之后蔬菜样本的致浊率

选择适合蔬菜种类的敞口容器 1 个,倒入新水 3 L。将蔬菜逐个放入容器中清洗至肉眼看不到泥沙,取出后需补充新水至 3 L。将容器中水搅动均匀,立即取样测定浊度并记录,取样数不少于 5 个,结果取算术平均值,作为清洗蔬菜后清洗水浊度。式(1)中清洗蔬菜的用水量按 3 L 计。

5.3.2 清洗机耗水量

5.3.2.1 测试仪表的选择与安装

5.3.2.1.1 测试仪表宜采用冷水水表或涡轮流量计,按照清洗机进水口径和流量选择量程范围。冷水水表的流量范围应使用在高区($Q_2 \leqslant Q \leqslant Q_4$;$Q_2$——分界流量,$Q$——流量,$Q_4$——过载流量)。

5.3.2.1.2 测试仪表应安装在清洗机总进水管路上,按仪表说明书要求安装。在流量计出口应有一定的背压,以保证流量计工作在满管流状态。

5.3.2.2 清洗机初始蓄水量

清洗机注入新水,使注水量达到设备正常运行要求,测量并记录注入的水量,即清洗机初始蓄水量,以水的体积量计量。

5.3.2.3 清洗机补充水量

按照清洗机使用说明书进行调试,使清洗机新水补充量满足正常运行要求。无蓄水清洗机按照使用说明书要求调试到额定工作流量。测量并记录清洗过程注入的新水量,即为补充水量(或无蓄水清洗机使用水量)。

5.3.2.4 蔬菜喂入量

测试时,蔬菜喂入量应不多于清洗机额定喂入量且不少于额定喂入量的90%,批次式蔬菜清洗机按每批次清洗蔬菜质量计,连续式蔬菜清洗机按小时清洗蔬菜质量计。称量并记录蔬菜喂入量。

5.3.2.5 清洗蔬菜总量

按照清洗机使用说明书操作,喂入蔬菜进行清洗,清洗蔬菜总量通过蔬菜喂入量进行累计,累计到清洗水不能使用需要更换,可以通过限定清洗水浊度作为更换新水依据。如果清洗水浊度在一个班次内(按6 h计)未达到限定值,清洗蔬菜总量按一个班次的清洗量累计。

5.3.3 清洗水浊度

5.3.3.1 水样应取自蓄水箱中水泵吸水口或清洗槽出水口处。多槽清洗机需在水质最好和最差水箱中取样。

5.3.3.2 清洗水浊度测定方法在附录A中选用,清洗水浊度进行比较时应采用同一标准测定方法。

5.4 参数计算

5.4.1 批次式清洗机耗水率

批次式清洗机耗水率按式(4)计算。

$$\xi = \frac{V_0 + \sum\limits_{i=1}^{n} V_{qi}}{\sum\limits_{i=1}^{n} m_i} \quad\cdots\cdots\cdots\cdots\cdots\cdots\cdots\cdots\cdots\cdots\cdots\cdots\cdots\cdots (4)$$

式中:

n ——清洗蔬菜批次数;

V_{qi}——各批次新水补充量,单位为升(L);

m_i ——各批次清洗蔬菜量,单位为千克(kg)。

5.4.2 连续式清洗机耗水率

连续式清洗机耗水率按式(5)计算。

$$\xi = \frac{V_0 + V_q}{m} \quad\cdots\cdots\cdots\cdots\cdots\cdots\cdots\cdots\cdots\cdots\cdots\cdots\cdots\cdots (5)$$

5.4.3 依据测定数据估算单槽清洗机耗水率

单槽清洗机清洗蔬菜无废水排放时,清洗水达到某一浊度值的耗水率可通过测定值计算得出,按式(6)计算。

$$\xi_D = \frac{V_t}{m_t} + \frac{\zeta_0}{T_D} - \frac{\zeta_0}{T_t} \quad\cdots\cdots\cdots\cdots\cdots\cdots\cdots\cdots\cdots\cdots\cdots\cdots (6)$$

式中:

ξ_D——清洗水浊度达到T_D时的清洗机耗水率,单位为升每千克(L/kg);

ζ_0——清洗前蔬菜致浊率,单位为[浊度单位]升每千克[例如,FNU/(kg·L^{-1})];

T_t——清洗水浊度测定值,单位为[浊度单位](例如,FNU);

V_t——清洗水浊度为T_t时总耗水量测定值,单位为升(L);

m_t——清洗水浊度为T_t时清洗蔬菜量测定值,单位为千克(kg);

T_D——拟达到的清洗水浊度,单位为[浊度单位](例如,FNU)。

6 测试报告

测试报告应至少包括下列信息：

——清洗机名称、型号和生产能力；

——测试用蔬菜种类、品种、产地、收获时间；

——清洗测试前蔬菜的处理方式（例如是否浸泡及浸泡时间、是否分切、分切标准及分切后状态
等）；

——清洗蔬菜总量、批次清洗量（或单位时间清洗量）；

——测试用新水的 pH、硬度、温度；

——水质浊度测定采用的测试仪器和标准方法；

——水量测量采用的测试仪器；

——测试完成时间；

——测试结果（测试记录表参见附录 B）。

附 录 A
（资料性附录）
水 质 浊 度 测 定

A.1 GB 13200—1991 的分光光度法

A.1.1 原理

在适当温度下，硫酸肼与六次甲基四胺聚合，形成白色高分子聚合物，以此作为浊度标准液，在一定条件下与水样浊度相比较。

A.1.2 试剂

除非另有说明，分析时均使用符合国家标准或专业标准分析纯试剂，去离子水或同等纯度的水。

A.1.2.1 无浊度水

将蒸馏水通过 $0.2\ \mu m$ 滤膜过滤，收集于用滤过水荡洗两次的烧瓶中。

A.1.2.2 浊度标准贮备液

A.1.2.2.1 1 g/100 mL 硫酸肼溶液

称取 1.000 g 硫酸肼（$N_2H_6SO_4$）溶于水，定容至 100 mL。

注：硫酸肼有毒、致癌！

A.1.2.2.2 10 g/100 mL 六次甲基四胺溶液

称取 10.00 g 六次甲基四胺（$C_6H_{12}N_4$）溶于水，定容至 100 mL。

A.1.2.2.3 浊度标准贮备液

吸取 5.00 mL 硫酸肼溶液（A.1.2.2.1）与 5.00 mL 六次甲基四胺溶液（A.1.2.2.2）于 100 mL 容量瓶中，混匀。于（25±3）℃下静置反应 24 h。冷后用水稀释至标线，混匀。此溶液浊度为 400 度。可保存一个月。

A.1.3 仪器

一般实验室仪器和下列仪器。

A.1.3.1 50 mL 具塞比色管

A.1.3.2 分光光度计

A.1.4 样品

样品应收集到具塞玻璃瓶中，取样后尽快测定。如需保存，可保存在冷暗处不超过 24 h。测试前需激烈振摇并恢复到室温。

所有与样品接触的玻璃器皿必须清洁，可用盐酸或表面活性剂清洗。

A.1.5 分析步骤

A.1.5.1 标准曲线的绘制

吸取浊度标准液（A.1.2.2.3）0 mL，0.50 mL，1.25 mL，2.50 mL，5.00 mL，10.00 mL 及 12.50 mL，置于 50 mL 的比色管中，加水至标线。摇匀后，即得浊度为 0.4 度，10 度，20 度，40 度，80 度及 100 度的标准系列。于 680 nm 波长，用 30 mm 比色皿测量吸光度，绘制校准曲线。

注：在 680 nm 波长下测定，天然水中存在淡黄色、淡绿色无干扰。

A.1.5.2 测定

吸取 50.0 mL 摇匀水样［无气泡，如浊度超过 100 度可酌情少取，用无浊度水（A.1.2.1）稀释至

50.0 mL]，于 50 mL 比色管中，按绘制校准曲线步骤（A.1.5.1）测定吸光度，由校准曲线上查得水样浊度。

A.1.6 结果的表述

浊度按式（A.1）计算。

$$\text{浊度（度）} = \frac{A(B+C)}{C} \quad\cdots\cdots\cdots\cdots\cdots\cdots\cdots\cdots\cdots\cdots\quad (A.1)$$

式中：

A——稀释后水样的浊度，单位为度；

B——稀释水体积，单位为毫升（mL）；

C——原水样体积，单位为毫升（mL）。

不同浊度范围测试结果的精度要求见表 A.1。

表 A.1 不同浊度范围测试结果的精度要求

浊度范围，度	精度，度
1～10	1
10～100	5
100～400	10
400～1 000	50
大于 1 000	100

A.2 ISO 7027:1999（EN ISO 7027）的两种定量测定方法

A.2.1 范围

利用光学浊度计的两种定量方法为：

a) 散射辐射测定法，适用于低浊度水（如饮用水）。

该方法测定的浊度用福尔马肼浊度单位（FNU）表示，常用范围为 0 FNU～40 FNU。根据仪器的设计，该方法也适用于浊度较高的水质测定。

b) 辐射通量衰减测定法，更适用于高浊度水（如废水或污水）。

该方法测定的浊度用福尔马肼衰减单位（FAU）表示，常用范围为 40 FAU～4 000 FAU。

A.2.2 采样与样品

所有与样品接触的容器应保持清洁，可用盐酸或表面活性剂溶液进行清洗。

用玻璃或塑料瓶收集样品，取样后应尽快测定。如需保存，应低温避光保存，保存期不超过 24h。如需冷藏，测试前需恢复到室温。应避免样品与空气接触，并且应避免样品温度发生变化。

A.2.3 测定方法

A.2.3.1 基本原理

被可溶性物质着色的水样是均质系统，仅使通过的辐射衰减。含有不溶性物质的水样不仅使入射辐射衰减，含有的不溶性微粒会使辐射朝各个方向不均等地散射。微粒对辐射前进方向的散射会影响辐射衰减，因此光谱衰减系数 $\mu(\lambda)$ 是光谱散射系数 $s(\lambda)$ 与光谱吸收系数 $\alpha(\lambda)$ 的总和，按式（A.2）计算。

$$\mu(\lambda) = s(\lambda) + \alpha(\lambda) \quad\cdots\cdots\cdots\cdots\cdots\cdots\cdots\cdots\cdots\quad (A.2)$$

要仅想得到光谱散射系数 $s(\lambda)$，需要知道光谱吸收系数 $\alpha(\lambda)$。为测定可溶性物质的光谱吸收系数，某些情况下需要通过过滤去除不溶性物质，但因此会造成一些干扰。因此，有必要对照校准标样报告浊度测定结果。

散射辐射的强度取决于入射辐射的波长，测量角，水中悬浮微粒的形状、光学特性和尺寸分布。

在透过辐射衰减测定方法中，测量值取决于辐射有效到达接收器的孔径角 Ω_0。

当测量散射辐射时，测量值取决于测量角 θ 和孔径角 Ω_θ。测量角 θ 是光入射方向与散射辐射测量方向之间的夹角（图 A.1）。

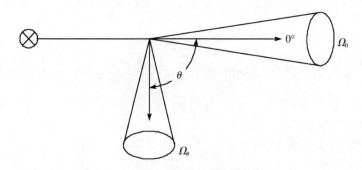

图 A.1　测量原理图

只有当上述参数已知时,才可用于测定不溶性物质的浓度。通常无法得到这些参数,因此悬浊液微粒的质量浓度不能从浊度值计算得出。

注:采用此国际标准和相同原理仪器测定的数据之间才可以进行比较。

A.2.3.2　试剂

仅用保存在玻璃瓶中的分析纯试剂,所有试剂的配制应符合国际标准。

A.2.3.2.1　配制标准液用水

孔径为 0.1 μm 的滤膜浸入 100 mL 蒸馏水中 1 h 后取出,用 250 mL 蒸馏水通过滤膜进行过滤并将水丢弃。然后将 2 L 蒸馏水两次通过滤膜过滤并收集,用于试剂配制。

A.2.3.2.2　福尔马肼($C_2H_4N_2$)标准贮备液 I（4 000 FAU）

称取 5.0 g 六次甲基四胺（$C_6H_{12}N_4$）溶于水（A.2.3.2.1）,定容至 40 mL。

称取 5.0 g 硫酸肼（$N_2H_6SO_4$）溶于水（A.2.3.2.1）,定容至 40 mL。

注:硫酸肼有毒,且可能致癌。

将两种溶液倒入 100.0 mL 容量瓶中,用水（A.2.3.2.1）稀释,定容至刻度,并混匀。于（25±3）℃下静置反应 24 h。

此标准液放在（25±3）℃的暗处,能保存 4 周。

A.2.3.2.3　福尔马肼($C_2H_4N_2$)标准贮备液 II（400 FAU）

吸取 10.00 mL 标准贮备液 I（A.2.3.2.2）于 100.0 mL 容量瓶中,用水（A.2.3.2.1）稀释至刻度,并混匀。

此标准液放在（25±3）℃的暗处,能保存 4 周。

A.2.3.2.4　散射辐射校准标准液（0 FNU～40 FNU）

吸取标准贮备液 II（A.2.3.2.3）于容量瓶中,用水（A.2.3.2.1）稀释,获得散射辐射测定法测定范围所需浊度（FNU）的校准（见 A.2.3.3.2）标准液。这些标准液在 1 d 内使用。

作为替代,可使用现成的经检验的商品标准液,如苯乙烯—二乙烯基苯悬浊液,被证实与刚配制的浊度标准液等同。这些标准液标明可稳定保存 1 年,但每 6 个月应进行一次标定。商品标准液的标定准则为进行 5 个梯度、3 次平行测试。标定的目的是检验测试的平均偏差和精度不超过商品标准液提供的实验室检验的平均偏差和精度。

有特定 FNU 值的商品标准液在衰减模式下对照福尔马肼标准液测定,并不必然得到相等的 FAU 值,因此商品标准液只能采用散射辐射测定法测定。

A.2.3.2.5　衰减辐射校准标准液（40 FAU～4 000 FAU）

吸取标准贮备液 I（A.2.3.2.2）于容量瓶中,用水（A.2.3.2.1）稀释,获得衰减辐射测定法（见A.2.3.4.2）测定范围所需浊度（FAU）的校准标准液。放在（25±3）℃的暗处,40 FAU～400 FAU 范围的标准液能保存 1 周,400 FAU～4 000 FAU 范围的标准液能保存 4 周。

A.2.3.3　散射辐射测定法

A.2.3.3.1 仪器

浊度计应符合下列要求：

a) 入射辐射波长 λ 为 860 nm；

有些仪器受干扰光或噪声（背景辐射）的影响，不能测定小浊度量，用波长 550 nm、带宽 30 nm 的光波更好，这种情况下水样需无色。不同波长下的测试结果不能与 860 nm 波长测得的结果相比较。

b) 入射辐射频谱带宽 Δλ≤60 nm；

c) 入射辐射的平行光不应发散，会聚角不超过 1.5°；

d) 入射辐射的光轴与散射辐射之间的测量角 θ＝(90±2.5)°；

e) 在水样中的孔径角 Ω_θ 应在 20°～30° 之间。

A.2.3.3.2 校准

依照制造商提供的校准说明准备仪器。

仪器准备完毕后，用水(A.2.3.2.1)作为空白，以及在测定范围内至少 5 个等浊度间隔的福尔马肼校准标准液(A.2.3.2.4)进行校准。当缺少预校值或预校值显示与校准值不同时，绘制校准曲线。

A.2.3.3.3 测定操作

按照仪器制造商提供的操作说明书对均匀混合的样品进行测定，对照校准曲线或从经(A.2.3.3.2)校准的仪器直接读取浊度值。

A.2.3.3.4 结果表示

用福尔马肼浊度单位报告结果，按如下表示：

a) 浊度小于 0.99 FNU，精确到 0.01 FNU；

b) 浊度在 1.0 FNU～9.9 FNU 之间，精确到 0.1 FNU；

c) 浊度在 10 FNU～40 FNU 之间，精确到 1 FNU。

A.2.3.3.5 测试报告

测试报告应包括下列信息：

a) 注明引用了本标准；

b) 按 A.2.3.3.4 表示的结果；

c) 可能影响测试结果的所有环境细节。

A.2.3.4 衰减辐射测定法

A.2.3.4.1 仪器

浊度计应符合下列要求：

a) 入射辐射波长 λ 为 860 nm；

b) 入射辐射频谱带宽 Δλ≤60 nm；

c) 入射辐射的平行光不应发散，会聚角不超过 2.5°；

d) 测量角（光轴的偏差）θ＝(0±2.5)°；

e) 在水样中的孔径角 Ω_θ 应为 10°～20°。

A.2.3.4.2 校准

依照制造商提供的校准说明准备仪器。

仪器准备完毕后，用水(A.2.3.2.1)作为空白，以及在测定范围内至少 5 个等浊度间隔的福尔马肼校准标准液(A.2.3.2.5)进行校准。当缺少预校值或预校值显示与校准值不同时，绘制校准曲线。

A.2.3.4.3 测定操作

按照仪器制造商提供的操作说明书对均匀混合的样品进行测定，对照校准曲线或从经(A.2.3.4.2)校准的仪器直接读取浊度值。

A.2.3.4.4 结果表示

用福尔马肼衰减单位报告结果,按如下表示:

  a) 浊度在 40 FAU~99 FAU 之间,精确到 1 FAU;

  b) 浊度大于 100 FAU,精确到 10 FAU。

A.2.3.4.5 测试报告

测试报告应包括下列信息:

  a) 注明引用了本标准;

  b) A.2.3.4.4 表示的结果;

  c) 可能影响测试结果的所有环境细节。

A.3 USEPA Method 180.1—1993 浊度测定方法(部分内容)

A.3.1 适用范围

A.3.1.1 该方法适用于饮用水、地下水、地表水和含盐分水、生活与工业废水的浊度测定。

A.3.1.2 测定范围为 0 NTU~40 NTU。更高的浊度值可以通过样品稀释测得。

A.3.2 方法描述

A.3.2.1 该方法基于规定条件下样品的散射光强度与标准参照悬浊液的散射光强度比较进行测定。散射光强度越高,浊度越高。读数由依据 A.3.5.1 和 A.3.5.2 设计的比浊计测得,单位为 NTU。一级标准悬浊液用于仪器校准。二级标准悬浊液用于日常校验检查,并用一级标准悬浊液进行周期性标定。

——福尔马肼聚合物是水质检测一级浊度悬浊液,复现性好,优于早期使用的其他标准浊度试剂。

——AMCO - AEPA - 1 商品聚合物标准液也被核准使用。

A.3.3 干扰

A.3.3.1 浮渣和沉积物会因为沉淀使读数迅速下降。分离的气泡会引起读数升高。

A.3.3.2 由于吸光的可溶性物质溶解于水中使水样具有颜色,会造成测得的浊度值偏低,但这种影响对饮用水测定不显著。

A.3.3.3 活性炭等吸光材料达到一定浓度会使读数偏低。

A.3.4 安全性

A.3.4.1 该方法所用试剂的毒性和致癌性还没有完全确定,每种化学剂均应注意其潜在的健康危害,并且应尽可能少暴露。

A.3.4.2 实验室应保存现行 OSHA(美国职业安全与健康管理局)有关该方法所用试剂安全操作的规章文件。应为所有化学分析人员建立适用的材料安全数据清单参考文件,材料安全数据清单由试剂销售方提供,包括化学品毒性、健康危害、物理性能、易燃性和反应性能,以及存放、溢出和操作时的保护措施。也可以准备正式安全计划。

A.3.4.3 硫酸肼(A.3.6.2.1)是致癌物,高毒性,如果吸入、吞食或皮肤吸收有致命危险。福尔马肼可能含有残留硫酸肼。应采取适当的防护措施。

A.3.5 仪器与备用品

A.3.5.1 浊度测试仪器应包含一个比浊计和一个或多个光电接收器,比浊计带有样品照明用光源,光电接收器带有数据读取装置,用于显示与入射光路垂直的散射光强度。浊度测试仪设计,应在无浊度时没有散射光到达接收器,并且在短时间预热后无漂移。

A.3.5.2 由于浊度测试仪物理设计存在差异,虽然是用相同悬浊液进行校准,仍会导致测定的浊度值有差异。为使差异最小化,应遵循以下设计标准:

——光源:色温为 2 200 K~3 000 K 的钨灯;

——样品池中入射光和散射光穿过的距离总计不超过 10 cm;

——接收器:中心线与入射光光路成90°角,偏差不超过±30°。采用滤光系统的接收器,频谱峰值响应为400 nm～600 nm。

A.3.5.3 仪器灵敏度应在测定1 NTU以下的无浊度水样时,能测出不大于0.02 NTU的浊度差。仪器测定范围为0 NTU～40 NTU。在测定低浊度时,为兼顾量程和灵敏度,需要有多个量程。

A.3.5.4 用于仪器的样品池应为洁净、无色的玻璃或塑料制品。样品池内外应保持洁净,有划痕或侵蚀的应弃用。硅油涂覆层可用于掩盖玻璃样品池的微小瑕疵。不应接触样品池的光路通过区域,应有足够的尺寸供手持操作,或带有防护盒。样品池应进行检验,在获得最低背景空白值方向标记和读数。

A.3.5.5 天平——分析级,允许的称量精度为0.000 1 g。

A.3.5.6 玻璃器皿——A级容量瓶和移液管。

A.3.6 试剂与标准液

A.3.6.1 试剂水、无浊度水

A.3.6.1.1 去离子蒸馏水通过0.45 μm孔径过滤膜进行过滤,直到过滤后水浊度值不再下降。

A.3.6.2 标准贮备液(福尔马肼)

A.3.6.2.1 称取1.00 g硫酸肼($N_2H_6SO_4$)溶于试剂水,在容量瓶中定容至100 mL。

注:致癌物。

A.3.6.2.2 称取10.00 g六次甲基四胺溶于试剂水,在容量瓶中定容至100 mL。

A.3.6.2.3 吸取硫酸肼溶液(A.3.6.2.1)和六次甲基四胺溶液(A.3.6.2.2)各5.0 mL于100 mL容量瓶中,混匀。于(25±3)℃下静置反应24h,然后用试剂水稀释至标线。

A.3.6.2.4 标准贮备液应每月配制。

A.3.6.3 一级校准标准悬浊液

A.3.6.3.1 用10.00 mL标准贮备液(A.3.6.2)与试剂水混合稀释,在容量瓶中定容至100 mL,该悬浊液浊度为40 NTU。所需其他浊度值悬浊液按比例稀释获得。

A.3.6.3.2 一级校准标准悬浊液应每天配制。

A.3.6.4 其他标准液

A.3.6.4.1 制售的浓缩福尔马肼一级标准贮备液可以稀释和按需要使用。稀释浊度标准液应每天配制。

A.3.6.4.2 AMCO‐AEPA‐1苯乙烯—二乙烯基苯聚合物一级标准液适用于专门的仪器,用前无需配制或稀释。

A.3.6.4.3 二级标准悬浊液指制售的、稳定封装的液体或凝胶浊度标准液,经过福尔马肼或苯乙烯—二乙烯基苯聚合物配制与稀释标准液校准。二级标准悬浊液可用于日常校准检验,但需要监测是否变质,必要时进行更换。

A.3.7 采样、样品保存

A.3.7.1 样品应用塑料或玻璃瓶收集。所有样品瓶应用无浊度水彻底洗净。采集的样品应具有充分的代表性,采样量应足够重复测试,并且应使废弃排放量最少。

A.3.7.2 不需要化学保存。将样品冷却到4℃。

A.3.7.3 样品采集后应尽早进行测定,如需要保存,应在4℃下保存不超过48 h。

A.3.8 校准

浊度计校准:应遵循制造商提供的操作说明。浊度计测量范围应满足测试需要。如果仪器在各标准浊度单位已经校准,该操作为预校值的精确度检验。至少每一仪器量程内应进行一个标样检验。有些仪器可调节灵敏度使标定值与浊度值相符。不应使用合成树脂块制成的固体标准样,因为会造成表面划痕使校准出错。如果未提供预校值,应对仪器的每一量程绘制校准曲线。

A.3.9　测定操作

A.3.9.1 浊度小于 40 NTU。如有可能,使测定前样品接近室温。充分搅拌样品使固体物彻底分散。待气泡消失后将样品倒入浊度计样品池。直接依据仪器校准标定值或校准曲线读取浊度值。

A.3.9.2 浊度超过 40 NTU。用一倍或几倍体积的无浊度水对样品进行稀释,直到浊度降到 40 NTU 以下。通过稀释倍数计算得出原始样品的浊度。例如,5 体积量无浊度水加入到 1 体积量样品中,测得的浊度为 30 NTU,则原始样品浊度为 180 NTU。

有些浊度计备有多个标定量程,高量程仅用于指示样品稀释到 40 NTU 以下所需要的稀释比例。

A.3.10　数据分析与计算

A.3.10.1 可通过读数乘以稀释倍数的方法来得到浊度值最终结果。

A.3.10.2 按表 A.2 精度报告结果。

表 A.2　不同浊度范围测试结果的精度要求

浊度范围,NTU	精　度
0.0~1.0	0.05
1~10	0.1
10~40	1
40~100	5
100~400	10
400~1 000	50
>1 000	100

A.4　JIS K 0101:1998 的透过光和散射光福尔马肼浊度法

A.4.1　透过光浊度

A.4.1.1　测试原理与测定范围

通过对样品在 660 nm 波长附近的透过光强度测量,与福尔马肼标准液做出的标准测量曲线比较得出结果。

测定范围:吸收皿 50 mm 时,4 度~80 度(福尔马肼);吸收皿 10 mm 时,20 度~400 度(福尔马肼)。

A.4.1.2　试剂

使用以下试剂。

A.4.1.2.1　水

将符合 JIS K 0557 中 A3 的水以 0.1 μm 陶瓷滤膜过滤,弃去 200 mL 初始滤液。

A.4.1.2.2　福尔马肼标准液[400 度(福尔马肼)]

取符合 JIS K 8992 规定的硫酸肼 1.00 g 溶于适量水,然后定容至 100 mL。另外,取符合 JIS K 8847 规定的六次甲基四胺 10.0 g 溶于适量水,然后定容至 100 mL。两种溶液各取 10 mL 放入 200 mL 容量瓶,充分摇匀,在液温为(25±3)℃放置 24 h 后加水至刻度。

A.4.1.3　装置

使用光度计,光度计为分光光度计或光电光度计。

A.4.1.4　操作

操作按如下进行。

A.4.1.4.1 样品充分摇匀后,选择 50 mm[注1] 吸收皿,测量样品在 660 nm[注2] 波长附近吸收的可见光强度。

注1:样品透过光浊度为 20 度~400 度时,用 10 mm 吸收皿。

注2:样品有颜色时(特别是在 660 nm 波长附近有吸收时),用孔径 1 μm 以下滤材的过滤液或经离心机分离的澄清

液作为参照,根据透过光的强度测定吸光度。

A.4.1.4.2 通过绘制的标准测量曲线,得出样品的透过光浊度。

标准测量曲线:在 1 mL~20 mL 范围内取各体积量福尔马肼标准液[400 度(福尔马肼)],放入 100 mL 容量瓶中,加水至刻度,配制绘制标准测量曲线用的福尔马肼标准液[4 度~80 度(福尔马肼)]注3。按照 A.4.1.4.1 的操作,测量并绘制福尔马肼标准液透过光浊度与吸光度的关系曲线。

注3:用 10 mm 吸收皿时,在 5 mL~100 mL 范围内取各体积量福尔马肼标准液[400 度(福尔马肼)],配制绘制标准测量曲线用的福尔马肼标准液 [20 度~400 度(福尔马肼)]。

A.4.2 散射光浊度

A.4.2.1 测试原理与测定范围

通过测量样品中微粒在 660 nm 波长附近导致的散射光强度,与福尔马肼标准液作出的标准测量曲线比较得出结果。

测定范围:0.4 度~5 度(福尔马肼)(根据装置不同而不同)。

A.4.2.2 试剂

使用以下试剂。

A.4.2.2.1 水

同 A.4.1.2.1。

A.4.2.2.2 福尔马肼标准液[40 度(福尔马肼)]

取 A.4.1.2.2 的福尔马肼标准液[400 度(福尔马肼)] 10 mL,放入 100 mL 容量瓶,然后加水至刻度。

A.4.2.3 装置

使用散射光浊度计,散射光浊度计构成如图 A.2 所示。

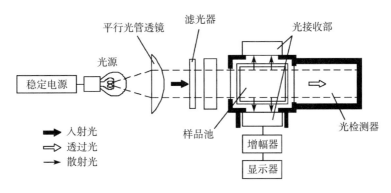

图 A.2 散射光浊度计构成图

A.4.2.4 操作

操作按如下进行。

A.4.2.4.1 取水放入吸收皿中,将散射光浊度计的指示值注4调为 0。然后用配制的福尔马肼标准液[5 度(福尔马肼)]将散射光浊度计的指示值注4调为 100%。

注4:散射光强度在与入射光成 90°或 270°的位置进行测量。

A.4.2.4.2 取充分混合均匀后的样品放入吸收皿中,测量 660 nm 波长附近的散射光强度。

A.4.2.4.3 根据福尔马肼标准液绘制的标准测量曲线计算得出样品的散射光浊度。

标准测量曲线:在 1 mL~12.5 mL 范围内取各体积量福尔马肼标准液[40 度(福尔马肼)],放入 100 mL 容量瓶中,加水至刻度,配制绘制标准测量曲线用的福尔马肼标准液[0.4 度~5 度(福尔马肼)]。按照 A.4.2.4.1 和 A.4.2.4.2 的操作,测量并绘制福尔马肼标准液散射光浊度与散射光浊度计指示值的关系曲线。

附　录　B
（资料性附录）
测 试 记 录 表

B.1　蔬菜致浊率测试记录

蔬菜致浊率测试记录表见表 B.1。

表 B.1　蔬菜致浊率测试记录表

样本编号	蔬菜样本质量 kg	清洗蔬菜用水量 L	清洗水浊度平均值 FNU[a]		蔬菜致浊率 FNU/(kg·L^{-1})	蔬菜致浊率平均值 FNU/(kg·L^{-1})
			清洗前	清洗后		
1						
2						
3						
4						
5						
[a]　以 FNU 为例，以下同。						

B.2　耗水量测试记录

B.2.1　批次式清洗机测试

批次式清洗机测试记录表见表 B.2。

表 B.2　批次式清洗机测试记录表

试验编号	初始蓄水量 L	顺次	批次清洗蔬菜量 kg	批次补水量 L	清洗水浊度 FNU	清洗蔬菜量 kg	耗水量 L	清洗机耗水率 L/kg
		1						
		2						
		3						
		……						
		n						

B.2.2　连续式清洗机测试

连续式清洗机测试记录表见表 B.3。

表 B.3 连续式清洗机测试记录表

试验编号	初始蓄水量 L	顺次	清洗蔬菜量累计 kg	补水量累计 L	清洗水浊度 FNU	耗水量 L	清洗机耗水率 L/kg
		1					
		2					
		3					
		……					
		n					

附录

中华人民共和国农业部公告
第 1943 号

    根据《中华人民共和国农业转基因生物安全管理条例》规定,《转基因植物及其产品成分检测　棉花内标准基因定性 PCR 方法》等 4 项标准业经专家审定通过,现批准发布为中华人民共和国国家标准,自发布之日起实施。

    特此公告。

    附件:《转基因植物及其产品成分检测　棉花内标准基因定性 PCR 方法》等 4 项农业国家标准目录

农业部

2013 年 5 月 23 日

附件：

《转基因植物及其产品成分检测　棉花内标准基因
定性 PCR 方法》等 4 项农业国家标准目录

序号	标准名称	标准代号	代替标准号
1	转基因植物及其产品成分检测　棉花内标准基因定性 PCR 方法	农业部 1943 号公告—1—2013	
2	转基因植物及其产品成分检测　转 *crylA* 基因抗虫棉花构建特异性定性 PCR 方法	农业部 1943 号公告—2—2013	
3	转基因植物及其产品环境安全检测　抗虫棉花　第 1 部分：对靶标害虫的抗虫性	农业部 1943 号公告—3—2013	农业部 953 号公告—12.1—2007
4	转基因植物及其产品成分检测　抗虫转 *Bt* 基因棉花外源蛋白表达量检测技术规范	农业部 1943 号公告—4—2013	农业部 1485 号公告—14—2010

中华人民共和国农业部公告
第 1944 号

《农产品质量安全检测员》等 99 项标准业经专家审定通过,现批准发布为中华人民共和国农业行业标准,自 2013 年 8 月 1 日起实施。

特此公告。

附件:《农产品质量安全检测员》等 99 项农业行业标准目录

农业部

2013 年 5 月 23 日

附件:

《农产品质量安全检测员》等99项农业行业标准目录

序号	标准号	标准名称	代替标准号
1	NY/T 2298—2013	农产品质量安全检测员	
2	NY/T 2299—2013	农村信息员	
3	NY/T 2300—2013	中兽医员	
4	NY/T 2301—2013	参业　名词术语	
5	NY/T 2302—2013	农产品等级规格　樱桃	
6	NY/T 2303—2013	农产品等级规格　金银花	
7	NY/T 2304—2013	农产品等级规格　枇杷	
8	NY/T 2305—2013	苹果高接换种技术规范	
9	NY/T 2306—2013	花卉种苗组培快繁技术规程	
10	NY/T 2307—2013	芝麻油冷榨技术规范	
11	NY/T 2308—2013	花生黄曲霉毒素污染控制技术规程	
12	NY/T 2309—2013	黄曲霉毒素单克隆抗体活性鉴定技术规程	
13	NY/T 2310—2013	花生黄曲霉侵染抗性鉴定方法	
14	NY/T 2311—2013	黄曲霉菌株产毒力鉴定方法	
15	NY/T 2312—2013	茄果类蔬菜穴盘育苗技术规程	
16	NY/T 2313—2013	甘蓝抗枯萎病鉴定技术规程	
17	NY/T 2314—2013	水果套袋技术规程　柠檬	
18	NY/T 2315—2013	杨梅低温物流技术规范	
19	NY/T 2316—2013	苹果品质指标评价规范	
20	NY/T 2317—2013	大豆蛋白粉及制品辐照杀菌技术规范	
21	NY/T 2318—2013	食用藻类辐照杀菌技术规范	
22	NY/T 2319—2013	热带水果电子束辐照加工技术规范	
23	NY/T 2320—2013	干制蔬菜贮藏导则	
24	NY/T 2321—2013	微生物肥料产品检验规程	
25	NY/T 2322—2013	草品种区域试验技术规程　禾本科牧草	
26	NY/T 2323—2013	农作物种质资源鉴定评价技术规范　棉花	
27	NY/T 2324—2013	农作物种质资源鉴定评价技术规范　猕猴桃	
28	NY/T 2325—2013	农作物种质资源鉴定评价技术规范　山楂	
29	NY/T 2326—2013	农作物种质资源鉴定评价技术规范　枣	
30	NY/T 2327—2013	农作物种质资源鉴定评价技术规范　芋	
31	NY/T 2328—2013	农作物种质资源鉴定评价技术规范　板栗	
32	NY/T 2329—2013	农作物种质资源鉴定评价技术规范　荔枝	
33	NY/T 2330—2013	农作物种质资源鉴定评价技术规范　核桃	
34	NY/T 2331—2013	柞蚕种质资源保存与鉴定技术规程	
35	NY/T 2332—2013	红参中总糖含量的测定　分光光度法	
36	NY/T 2333—2013	粮食、油料检验　脂肪酸值测定	
37	NY/T 2334—2013	稻米整精米率、粒型、垩白粒率、垩白度及透明度的测定　图像法	
38	NY/T 2335—2013	谷物中戊聚糖含量的测定　分光光度法	
39	NY/T 2336—2013	柑橘及制品中多甲氧基黄酮含量的测定　高效液相色谱法	
40	NY/T 2337—2013	熟黄(红)麻木质素测定　硫酸法	
41	NY/T 2338—2013	亚麻纤维细度快速检测　显微图像法	
42	NY/T 2339—2013	农药登记用杀蚴剂药效试验方法及评价	
43	NY/T 1965.3—2013	农药对作物安全性评价准则　第3部分:种子处理剂对作物安全性评价室内试验方法	

（续）

序号	标准号	标准名称	代替标准号
44	NY/T 1154.16—2013	农药室内生物测定试验准则　杀虫剂　第16部分:对粉虱类害虫活性试验　琼脂保湿浸叶法	
45	NY/T 1156.18—2013	农药室内生物测定试验准则　杀菌剂　第18部分:井冈霉素抑制水稻纹枯病菌试验　E培养基法	
46	NY/T 1156.19—2013	农药室内生物测定试验准则　杀菌剂　第19部分:抑制水稻稻曲病菌试验　菌丝干重法	
47	NY/T 1464.49—2013	农药田间药效试验准则　第49部分:杀菌剂防治烟草青枯病	
48	NY/T 1464.50—2013	农药田间药效试验准则　第50部分:植物生长调节剂调控菊花生长	
49	NY/T 2340—2013	植物新品种特异性、一致性和稳定性测试指南　大葱	
50	NY/T 2341—2013	植物新品种特异性、一致性和稳定性测试指南　桃	
51	NY/T 2342—2013	植物新品种特异性、一致性和稳定性测试指南　甜瓜	
52	NY/T 2343—2013	植物新品种特异性、一致性和稳定性测试指南　西葫芦	
53	NY/T 2344—2013	植物新品种特异性、一致性和稳定性测试指南　长豇豆	
54	NY/T 2345—2013	植物新品种特异性、一致性和稳定性测试指南　蚕豆	
55	NY/T 2346—2013	植物新品种特异性、一致性和稳定性测试指南　草莓	
56	NY/T 2347—2013	植物新品种特异性、一致性和稳定性测试指南　大蒜	
57	NY/T 2348—2013	植物新品种特异性、一致性和稳定性测试指南　甘蔗	
58	NY/T 2349—2013	植物新品种特异性、一致性和稳定性测试指南　萝卜	
59	NY/T 2350—2013	植物新品种特异性、一致性和稳定性测试指南　绿豆	
60	NY/T 2351—2013	植物新品种特异性、一致性和稳定性测试指南　猕猴桃属	
61	NY/T 2352—2013	植物新品种特异性、一致性和稳定性测试指南　桑属	
62	NY/T 2353—2013	植物新品种特异性、一致性和稳定性测试指南　三七	
63	NY/T 2354—2013	植物新品种特异性、一致性和稳定性测试指南　苦瓜	
64	NY/T 2355—2013	植物新品种特异性、一致性和稳定性测试指南　燕麦	
65	NY/T 2356—2013	植物新品种特异性、一致性和稳定性测试指南　狼尾草属	
66	NY/T 2357—2013	植物新品种特异性、一致性和稳定性测试指南　非洲菊	
67	NY/T 2358—2013	亚洲飞蝗测报技术规范	
68	NY/T 2359—2013	三化螟测报技术规范	
69	NY/T 2360—2013	十字花科小菜蛾抗药性监测技术规程	
70	NY/T 2361—2013	蔬菜夜蛾类害虫抗药性监测技术规程	
71	NY/T 2362—2013	生乳贮运技术规范	
72	NY/T 2363—2013	奶牛热应激评价技术规范	
73	NY/T 2364—2013	蜜蜂种质资源评价规范	
74	NY/T 2365—2013	农业科技园区建设规范	
75	NY/T 2366—2013	休闲农庄建设规范	
76	NY/T 2367—2013	土壤凋萎含水量的测定　生物法	
77	NY/T 2368—2013	农田水资源利用效益观测与评价技术规范　总则	
78	NY/T 2369—2013	户用生物质炊事炉具通用技术条件	
79	NY/T 2370—2013	户用生物质炊事炉具性能试验方法	
80	NY/T 2371—2013	农村沼气集中供气工程技术规范	
81	NY/T 2372—2013	秸秆沼气工程运行管理规范	
82	NY/T 2373—2013	秸秆沼气工程质量验收规范	
83	NY/T 2374—2013	沼气工程沼液沼渣后处理技术规范	
84	NY/T 2375—2013	食用菌生产技术规范	NY/T 5333—2006
85	NY/T 441—2013	苹果生产技术规程	NY/T 441—2001
86	NY/T 593—2013	食用稻品种品质	NY/T 593—2002
87	NY/T 594—2013	食用粳米	NY/T 594—2002
88	NY/T 595—2013	食用籼米	NY/T 595—2002

（续）

序号	标准号	标准名称	代替标准号
89	NY/T 1072—2013	加工用苹果	NY/T 1072—2006
90	NY/T 1159—2013	中华蜜蜂种蜂王	NY/T 1159—2006
91	NY/T 925—2013	天然生胶　技术分级橡胶全乳胶(SCR WF)生产技术规程	NY/T 925—2004
92	NY/T 409—2013	天然橡胶初加工机械通用技术条件	NY/T 409—2000
93	NY/T 1219—2013	浓缩天然胶乳初加工原料　鲜胶乳	NY/T 1219—2006
94	NY/T 1153.1—2013	农药登记用白蚁防治剂药效试验方法及评价　第1部分:农药对白蚁的毒力与实验室药效	NY/T 1153.1—2006
95	NY/T 1153.2—2013	农药登记用白蚁防治剂药效试验方法及评价　第2部分:农药对白蚁毒效传递的室内测定	NY/T 1153.2—2006
96	NY/T 1153.3—2013	农药登记用白蚁防治剂药效试验方法及评价　第3部分:农药土壤处理预防白蚁	NY/T 1153.3—2006
97	NY/T 1153.4—2013	农药登记用白蚁防治剂药效试验方法及评价　第4部分:农药木材处理预防白蚁	NY/T 1153.4—2006
98	NY/T 1153.5—2013	农药登记用白蚁防治剂药效试验方法及评价　第5部分:饵剂防治白蚁	NY/T 1153.5—2006
99	NY/T 1153.6—2013	农药登记用白蚁防治剂药效试验方法及评价　第6部分:农药滞留喷洒防治白蚁	NY/T 1153.6—2006

中华人民共和国农业部公告
第 1988 号

《农产品等级规格　姜》等 99 项标准业经专家审定通过，现批准发布为中华人民共和国农业行业标准，自 2014 年 1 月 1 日起实施。

特此公告。

附件：《农产品等级规格　姜》等 99 项农业行业标准目录

农业部

2013 年 9 月 10 日

附件：

《农产品等级规格 姜》等99项农业行业标准目录

序号	标准号	标准名称	代替标准号
1	NY/T 2376—2013	农产品等级规格 姜	
2	NY/T 2377—2013	葡萄病毒检测技术规范	
3	NY/T 2378—2013	葡萄苗木脱毒技术规范	
4	NY/T 2379—2013	葡萄苗木繁育技术规程	
5	NY/T 2380—2013	李贮运技术规范	
6	NY/T 2381—2013	杏贮运技术规范	
7	NY/T 2382—2013	小菜蛾防治技术规范	
8	NY/T 2383—2013	马铃薯主要病虫害防治技术规程	
9	NY/T 2384—2013	苹果主要病虫害防治技术规程	
10	NY/T 2385—2013	水稻条纹叶枯病防治技术规程	
11	NY/T 2386—2013	水稻黑条矮缩病防治技术规程	
12	NY/T 2387—2013	农作物优异种质资源评价规范 西瓜	
13	NY/T 2388—2013	农作物优异种质资源评价规范 甜瓜	
14	NY/T 2389—2013	柑橘采后病害防治技术规范	
15	NY/T 2390—2013	花生干燥与贮藏技术规程	
16	NY/T 2391—2013	农作物品种区域试验与审定技术规程 花生	
17	NY/T 2392—2013	花生田镉污染控制技术规程	
18	NY/T 2393—2013	花生主要虫害防治技术规程	
19	NY/T 2394—2013	花生主要病害防治技术规程	
20	NY/T 2395—2013	花生田主要杂草防治技术规程	
21	NY/T 2396—2013	麦田套种花生生产技术规程	
22	NY/T 2397—2013	高油花生生产技术规程	
23	NY/T 2398—2013	夏直播花生生产技术规程	
24	NY/T 2399—2013	花生种子生产技术规程	
25	NY/T 2400—2013	绿色食品 花生生产技术规程	
26	NY/T 2401—2013	覆膜花生机械化生产技术规程	
27	NY/T 2402—2013	高蛋白花生生产技术规程	
28	NY/T 2403—2013	旱薄地花生高产栽培技术规程	
29	NY/T 2404—2013	花生单粒精播高产栽培技术规程	
30	NY/T 2405—2013	花生连作高产栽培技术规程	
31	NY/T 2406—2013	花生防空秕栽培技术规程	
32	NY/T 2407—2013	花生防早衰适期晚收高产栽培技术规程	
33	NY/T 2408—2013	花生栽培观察记载技术规范	
34	NY/T 2409—2013	有机茄果类蔬菜生产质量控制技术规范	
35	NY/T 2410—2013	有机水稻生产质量控制技术规范	
36	NY/T 2411—2013	有机苹果生产质量控制技术规范	
37	NY/T 2412—2013	稻水象甲监测技术规范	
38	NY/T 2413—2013	玉米根萤叶甲监测技术规范	
39	NY/T 2414—2013	苹果蠹蛾监测技术规范	
40	NY/T 2415—2013	红火蚁化学防控技术规程	
41	NY/T 2416—2013	日光温室棚膜光阻隔率技术要求	
42	NY/T 2417—2013	副猪嗜血杆菌PCR检测方法	
43	NY/T 2418—2013	四纹豆象检疫检测与鉴定方法	
44	NY/T 2419—2013	植株全氮含量测定 自动定氮仪法	
45	NY/T 2420—2013	植株全钾含量测定 火焰光度计法	

（续）

序号	标准号	标准名称	代替标准号
46	NY/T 2421—2013	植株全磷含量测定　钼锑抗比色法	
47	NY/T 2422—2013	植物新品种特异性、一致性和稳定性测试指南　茶树	
48	NY/T 2423—2013	植物新品种特异性、一致性和稳定性测试指南　小豆	
49	NY/T 2424—2013	植物新品种特异性、一致性和稳定性测试指南　苹果	
50	NY/T 2425—2013	植物新品种特异性、一致性和稳定性测试指南　谷子	
51	NY/T 2426—2013	植物新品种特异性、一致性和稳定性测试指南　茄子	
52	NY/T 2427—2013	植物新品种特异性、一致性和稳定性测试指南　菜豆	
53	NY/T 2428—2013	植物新品种特异性、一致性和稳定性测试指南　草地早熟禾	
54	NY/T 2429—2013	植物新品种特异性、一致性和稳定性测试指南　甘薯	
55	NY/T 2430—2013	植物新品种特异性、一致性和稳定性测试指南　花椰菜	
56	NY/T 2431—2013	植物新品种特异性、一致性和稳定性测试指南　龙眼	
57	NY/T 2432—2013	植物新品种特异性、一致性和稳定性测试指南　芹菜	
58	NY/T 2433—2013	植物新品种特异性、一致性和稳定性测试指南　向日葵	
59	NY/T 2434—2013	植物新品种特异性、一致性和稳定性测试指南　芝麻	
60	NY/T 2435—2013	植物新品种特异性、一致性和稳定性测试指南　柑橘	
61	NY/T 2436—2013	植物新品种特异性、一致性和稳定性测试指南　豌豆	
62	NY/T 2437—2013	植物新品种特异性、一致性和稳定性测试指南　春兰	
63	NY/T 2438—2013	植物新品种特异性、一致性和稳定性测试指南　白灵侧耳	
64	NY/T 2439—2013	植物新品种特异性、一致性和稳定性测试指南　芥菜型油菜	
65	NY/T 2440—2013	植物新品种特异性、一致性和稳定性测试指南　芒果	
66	NY/T 2441—2013	植物新品种特异性、一致性和稳定性测试指南　兰属	
67	NY/T 2442—2013	蔬菜集约化育苗场建设标准	
68	NY/T 2443—2013	种畜禽性能测定中心建设标准　奶牛	
69	NY/T 2444—2013	菠萝叶纤维	
70	NY/T 2445—2013	木薯种质资源抗虫性鉴定技术规程	
71	NY/T 2446—2013	热带作物品种区域试验技术规程　木薯	
72	NY/T 2447—2013	椰心叶甲啮小蜂和截脉姬小蜂繁殖与释放技术规程	
73	NY/T 2448—2013	剑麻种苗繁育技术规程	
74	NY/T 2449—2013	农村能源术语	
75	NY/T 2450—2013	户用沼气池材料技术条件	
76	NY/T 2451—2013	户用沼气池运行维护规范	
77	NY/T 2452—2013	户用农村能源生态工程　西北模式设计施工与使用规范	
78	NY/T 2453—2013	拖拉机可靠性评价方法	
79	NY/T 2454—2013	机动喷雾机禁用技术条件	
80	NY/T 2455—2013	小型拖拉机安全认证规范	
81	NY/T 2456—2013	旋耕机　质量评价技术规范	
82	NY/T 2457—2013	包衣种子干燥机　质量评价技术规范	
83	NY/T 2458—2013	牧草收获机　质量评价技术规范	
84	NY/T 2459—2013	挤奶机械　质量评价技术规范	
85	NY/T 2460—2013	大米抛光机　质量评价技术规范	
86	NY/T 2461—2013	牧草机械化收获作业技术规范	
87	NY/T 2462—2013	马铃薯机械化收获作业技术规范	
88	NY/T 2463—2013	圆草捆打捆机　作业质量	
89	NY/T 2464—2013	马铃薯收获机　作业质量	
90	NY/T 2465—2013	水稻插秧机　修理质量	
91	NY/T 1928.2—2013	轮式拖拉机　修理质量　第2部分：直联传动轮式拖拉机	
92	NY/T 498—2013	水稻联合收割机　作业质量	NY/T 498—2002
93	NY/T 499—2013	旋耕机　作业质量	NY/T 499—2002
94	NY 642—2013	脱粒机安全技术要求	NY 642—2002

（续）

序号	标准号	标准名称	代替标准号
95	NY/T 650—2013	喷雾机（器）　作业质量	NY/T 650—2002
96	NY/T 772—2013	禽流感病毒 RT‐PCR 检测方法	NY/T 772—2004
97	NY/T 969—2013	胡椒栽培技术规程	NY/T 969—2006
98	NY/T 1748—2013	热带作物主要病虫害防治技术规程　荔枝	NY/T 1748—2007
99	NY/T 442—2013	梨生产技术规程	NY/T 442—2001

中华人民共和国农业部公告
第 2031 号

　　根据《中华人民共和国农业转基因生物安全管理条例》规定,《转基因植物及其产品环境安全检测 耐除草剂大豆　第 1 部分:除草剂耐受性》等 19 项标准业经专家审定通过,现批准发布为中华人民共和国国家标准,自发布之日起实施。

　　特此公告。

　　附件:《转基因植物及其产品环境安全检测　耐除草剂大豆　第 1 部分:除草剂耐受性》等 19 项农业国家标准目录

农业部

2013 年 12 月 4 日

附件：

《转基因植物及其产品环境安全检测　耐除草剂大豆第1部分：除草剂耐受性》等19项农业国家标准目录

序号	标准名称	标准代号	代替标准号
1	转基因植物及其产品环境安全检测　耐除草剂大豆　第1部分：除草剂耐受性	农业部2031号公告—1—2013	
2	转基因植物及其产品环境安全检测　耐除草剂大豆　第2部分：生存竞争能力	农业部2031号公告—2—2013	
3	转基因植物及其产品环境安全检测　耐除草剂大豆　第3部分：外源基因漂移	农业部2031号公告—3—2013	
4	转基因植物及其产品环境安全检测　耐除草剂大豆　第4部分：生物多样性影响	农业部2031号公告—4—2013	
5	转基因植物及其产品成分检测　耐旱玉米MON87460及其衍生品种定性PCR方法	农业部2031号公告—5—2013	
6	转基因植物及其产品成分检测　抗虫玉米MIR162及其衍生品种定性PCR方法	农业部2031号公告—6—2013	
7	转基因植物及其产品成分检测　抗虫水稻科丰2号及其衍生品种定性PCR方法	农业部2031号公告—7—2013	
8	转基因植物及其产品成分检测　大豆内标准基因定性PCR方法	农业部2031号公告—8—2013	
9	转基因植物及其产品成分检测　油菜内标准基因定性PCR方法	农业部2031号公告—9—2013	
10	转基因植物及其产品成分检测　普通小麦内标准基因定性PCR方法	农业部2031号公告—10—2013	
11	转基因植物及其产品成分检测　barstar基因定性PCR方法	农业部2031号公告—11—2013	
12	转基因植物及其产品成分检测　Barnase基因定性PCR方法	农业部2031号公告—12—2013	
13	转基因植物及其产品成分检测　转淀粉酶基因玉米3272及其衍生品种定性PCR方法	农业部2031号公告—13—2013	
14	转基因动物及其产品成分检测　普通牛(Bos taurus)内标准基因定性PCR方法	农业部2031号公告—14—2013	
15	转基因生物及其产品食用安全检测　蛋白质功效比试验	农业部2031号公告—15—2013	
16	转基因生物及其产品食用安全检测　蛋白质经口急性毒性试验	农业部2031号公告—16—2013	
17	转基因生物及其产品食用安全检测　蛋白质热稳定性试验	农业部2031号公告—17—2013	
18	转基因生物及其产品食用安全检测　蛋白质糖基化高碘酸希夫染色试验	农业部2031号公告—18—2013	
19	转基因植物及其产品成分检测　抽样	农业部2031号公告—19—2013	NY/T 673—2003

中华人民共和国农业部公告
第 2036 号

　　《大麦品种鉴定技术规程　SSR 分子标记法》等 77 项标准业经专家审定通过，现批准发布为中华人民共和国农业行业标准，自 2014 年 4 月 1 日起实施。

　　特此公告。

　　附件:《大麦品种鉴定技术规程　SSR 分子标记法》等 77 项农业行业标准目录

农业部

2013 年 12 月 12 日

附件：

《大麦品种鉴定技术规程　SSR 分子标记法》等 77 项农业行业标准目录

序号	标准号	标准名称	代替标准号
1	NY/T 2466—2013	大麦品种鉴定技术规程　SSR 分子标记法	
2	NY/T 2467—2013	高粱品种鉴定技术规程　SSR 分子标记法	
3	NY/T 2468—2013	甘蓝型油菜品种鉴定技术规程　SSR 分子标记法	
4	NY/T 2469—2013	陆地棉品种鉴定技术规程　SSR 分子标记法	
5	NY/T 2470—2013	小麦品种鉴定技术规程　SSR 分子标记法	
6	NY/T 2471—2013	番茄品种鉴定技术规程　Indel 分子标记法	
7	NY/T 2472—2013	西瓜品种鉴定技术规程　SSR 分子标记法	
8	NY/T 2473—2013	结球甘蓝品种鉴定技术规程　SSR 分子标记法	
9	NY/T 2474—2013	黄瓜品种鉴定技术规程　SSR 分子标记法	
10	NY/T 2475—2013	辣椒品种鉴定技术规程　SSR 分子标记法	
11	NY/T 2476—2013	大白菜品种鉴定技术规程　SSR 分子标记法	
12	NY/T 2477—2013	百合品种鉴定技术规程　SSR 分子标记法	
13	NY/T 2478—2013	苹果品种鉴定技术规程　SSR 分子标记法	
14	NY/T 2479—2013	植物新品种特异性、一致性和稳定性测试指南　白菜型油菜	
15	NY/T 2480—2013	植物新品种特异性、一致性和稳定性测试指南　红三叶	
16	NY/T 2481—2013	植物新品种特异性、一致性和稳定性测试指南　青麻	
17	NY/T 2482—2013	植物新品种特异性、一致性和稳定性测试指南　糖用甜菜	
18	NY/T 2483—2013	植物新品种特异性、一致性和稳定性测试指南　冰草属	
19	NY/T 2484—2013	植物新品种特异性、一致性和稳定性测试指南　无芒雀麦	
20	NY/T 2485—2013	植物新品种特异性、一致性和稳定性测试指南　黑麦草属	
21	NY/T 2486—2013	植物新品种特异性、一致性和稳定性测试指南　披碱草属	
22	NY/T 2487—2013	植物新品种特异性、一致性和稳定性测试指南　鹰嘴豆	
23	NY/T 2488—2013	植物新品种特异性、一致性和稳定性测试指南　黑麦	
24	NY/T 2489—2013	植物新品种特异性、一致性和稳定性测试指南　结缕草属	
25	NY/T 2490—2013	植物新品种特异性、一致性和稳定性测试指南　鸭茅	
26	NY/T 2491—2013	植物新品种特异性、一致性和稳定性测试指南　狗牙根	
27	NY/T 2492—2013	植物新品种特异性、一致性和稳定性测试指南　糜子	
28	NY/T 2493—2013	植物新品种特异性、一致性和稳定性测试指南　荞麦	
29	NY/T 2494—2013	植物新品种特异性、一致性和稳定性测试指南　紫苏	
30	NY/T 2495—2013	植物新品种特异性、一致性和稳定性测试指南　山药	
31	NY/T 2496—2013	植物新品种特异性、一致性和稳定性测试指南　芦笋	
32	NY/T 2497—2013	植物新品种特异性、一致性和稳定性测试指南　荠菜	
33	NY/T 2498—2013	植物新品种特异性、一致性和稳定性测试指南　茭白	
34	NY/T 2499—2013	植物新品种特异性、一致性和稳定性测试指南　籽粒苋	
35	NY/T 2500—2013	植物新品种特异性、一致性和稳定性测试指南　魔芋	
36	NY/T 2501—2013	植物新品种特异性、一致性和稳定性测试指南　丝瓜	
37	NY/T 2502—2013	植物新品种特异性、一致性和稳定性测试指南　芋	
38	NY/T 2503—2013	植物新品种特异性、一致性和稳定性测试指南　菊芋	
39	NY/T 2504—2013	植物新品种特异性、一致性和稳定性测试指南　瓠瓜	
40	NY/T 2505—2013	植物新品种特异性、一致性和稳定性测试指南　姜	
41	NY/T 2506—2013	植物新品种特异性、一致性和稳定性测试指南　水芹	
42	NY/T 2507—2013	植物新品种特异性、一致性和稳定性测试指南　茼蒿	
43	NY/T 2508—2013	植物新品种特异性、一致性和稳定性测试指南　矮牵牛	
44	NY/T 2509—2013	植物新品种特异性、一致性和稳定性测试指南　三色堇	
45	NY/T 2510—2013	植物新品种特异性、一致性和稳定性测试指南　石蒜属	

附　录

（续）

序号	标准号	标准名称		代替标准号
46	NY/T 2511—2013	植物新品种特异性、一致性和稳定性测试指南	雁来红	
47	NY/T 2512—2013	植物新品种特异性、一致性和稳定性测试指南	翠菊	
48	NY/T 2513—2013	植物新品种特异性、一致性和稳定性测试指南	一串红	
49	NY/T 2514—2013	植物新品种特异性、一致性和稳定性测试指南	黑穗醋栗	
50	NY/T 2515—2013	植物新品种特异性、一致性和稳定性测试指南	木菠萝	
51	NY/T 2516—2013	植物新品种特异性、一致性和稳定性测试指南	椰子	
52	NY/T 2517—2013	植物新品种特异性、一致性和稳定性测试指南	西番莲	
53	NY/T 2518—2013	植物新品种特异性、一致性和稳定性测试指南	木瓜属	
54	NY/T 2519—2013	植物新品种特异性、一致性和稳定性测试指南	番木瓜	
55	NY/T 2520—2013	植物新品种特异性、一致性和稳定性测试指南	树莓	
56	NY/T 2521—2013	植物新品种特异性、一致性和稳定性测试指南	蓝莓	
57	NY/T 2522—2013	植物新品种特异性、一致性和稳定性测试指南	柿	
58	NY/T 2523—2013	植物新品种特异性、一致性和稳定性测试指南	金顶侧耳	
59	NY/T 2524—2013	植物新品种特异性、一致性和稳定性测试指南	双胞蘑菇	
60	NY/T 2525—2013	植物新品种特异性、一致性和稳定性测试指南	草菇	
61	NY/T 2526—2013	植物新品种特异性、一致性和稳定性测试指南	丹参	
62	NY/T 2527—2013	植物新品种特异性、一致性和稳定性测试指南	菘蓝	
63	NY/T 2528—2013	植物新品种特异性、一致性和稳定性测试指南	枸杞	
64	NY/T 2529—2013	黄顶菊综合防治技术规程		
65	NY/T 2530—2013	外来入侵植物监测技术规程　刺萼龙葵		
66	NY/T 2531—2013	农产品质量追溯信息交换接口规范		
67	NY/T 2532—2013	蔬菜清洗机耗水性能测试方法		
68	NY/T 2533—2013	温室灌溉系统安装与验收规范		
69	NY/T 2534—2013	生鲜畜禽肉冷链物流技术规范		
70	NY/T 2535—2013	植物蛋白及制品名词术语		
71	NY/T 391—2013	绿色食品　产地环境质量		NY/T 391—2000
72	NY/T 392—2013	绿色食品　食品添加剂使用准则		NY/T 392—2000
73	NY/T 393—2013	绿色食品　农药使用准则		NY/T 393—2000
74	NY/T 394—2013	绿色食品　肥料使用准则		NY/T 394—2000
75	NY/T 472—2013	绿色食品　兽药使用准则		NY/T 472—2006
76	NY/T 755—2013	绿色食品　渔药使用准则		NY/T 755—2003
77	NY/T 1054—2013	绿色食品　产地环境调查、监测与评价规范		NY/T 1054—2006